360°摄影

无人机

飞行、航拍与视频后期制作教程

视频教学版

新镜界 编著

99 个实例讲解 ⊕ 82 分钟视频教学

☑ 飞行危机处理 ☑ 摄影构图 ☑ 飞行技法 ☑ 航拍技法 ☑ 智能航拍 ☑ 延时摄影 ☑ 夜景航拍

☑ 醒图修图 ☑ 剪映视频后期处理

中国水利水电出版社
www.waterpub.com.cn
·北京·

内 容 提 要

　　本书以大疆御系列无人机为基础版本，系统讲解了无人机的基本操作，包含危机处理、起飞与降落、飞行动作、高级航拍、智能航拍、夜景航拍、图片与视频处理等内容，帮助大家学会无人机飞行、拍摄与后期制作。全书共14章，分为3个部分。其中，第1部分（第1～3章）为新手入门篇，讲解了飞行炸机与危机处理、首次飞行与降落及构图取景技巧等，帮助大家打好入门基础；第2部分（第4～11章）为飞行拍摄篇，讲解了考证必学的飞行动作、高级航拍技术、一键短片模式、智能跟随模式、指点飞行模式、兴趣点环绕模式、延时与全景拍摄和夜景航拍技巧等，帮助大家学会无人机飞行、拍摄照片与视频技巧；第3部分（第12～14章）为后期制作篇，讲解了醒图App的修图技术、剪映手机版和电脑版的视频剪辑技术，让大家学会在手机中快速处理航拍照片，并在剪映的两个端口中剪辑和处理视频。

　　本书包含了实例操作的素材文件和效果文件、99节无人机飞行和后期制作的教学视频，便于大家对比学习。

　　本书结构清晰、语言简洁，既适合想学习无人机航拍的新手使用，也适合有一定航拍经验且想学习无人机高级航拍技术、智能模式与视频后期处理的读者阅读，还可以作为高等院校相关专业和无人机执照考证读者的教材使用。

图书在版编目（CIP）数据

无人机飞行、航拍与视频后期制作教程 : 视频教学版 / 新镜界编著. -- 北京 : 中国水利水电出版社, 2024.3

ISBN 978-7-5226-1990-3

Ⅰ. ①无… Ⅱ. ①新… Ⅲ. ①无人驾驶飞机－飞行原理－教材②无人驾驶飞机－航空摄影－教材③视频制作－教材 Ⅳ. ①V279②TB869③TN948.4

中国国家版本馆CIP数据核字(2023)第252129号

书　　名	无人机飞行、航拍与视频后期制作教程（视频教学版） WURENJI FEIXING, HANGPAI YU SHIPIN HOUQI ZHIZUO JIAOCHENG (SHIPIN JIAOXUE BAN)
作　　者	新镜界　编著
出版发行	中国水利水电出版社 （北京市海淀区玉渊潭南路 1 号 D 座 100038） 网址：www.waterpub.com.cn E-mail: zhiboshangshu@163.com 电话：(010) 62572966-2205/2266/2201（营销中心）
经　　销	北京科水图书销售有限公司 电话：(010) 68545874、63202643 全国各地新华书店和相关出版物销售网点
排　　版	北京智博尚书文化传媒有限公司
印　　刷	河北文福旺印刷有限公司
规　　格	170mm×240mm　16 开本　16 印张　320 千字
版　　次	2024 年 3 月第 1 版　2024 年 3 月第 1 次印刷
印　　数	0001—3000 册
定　　价	79.80 元

前 言

在无人机航拍领域中，无人机这项技术不仅在军事、农业、影视等领域中创造价值，随着其技术的进步，在航拍领域也取得了很多新突破，如延时摄影等智能模式。可以说，无人机的技术进步给航拍提供了更多可能。

掌握无人机飞行技术的人才越多，在航拍领域中的创新也会越多，那么对于国家和个人的发展而言，这既是新的机遇，又能实现新的突破。

本书以大疆御系列无人机为版本（其他品牌无人机可参考学习），从3个部分展开无人机摄影与视频制作的内容讲解，并附赠了99节教学视频，让你在边看边学中掌握无人机航拍、图片和视频的后期制作技术。本书内容具体从以下5个方面展开。

1. What（是什么）：本书详细介绍了无人机相关的概念，让大家先理解含义再学习。例如，在飞行拍摄前讲解了主体构图是什么，轨迹延时又是什么，先讲理论再讲实操。

2. Where（在哪里）：作为一本无人机教学指导书，本书对每项功能都做了详细介绍，让大家先找到航拍的按钮或模式，再进行操作。

3. Why（为什么）：关于技巧和功能，本书都有相应的作用阐释，让大家明白原理，从而做到融会贯通。例如，后期制作过程中添加滤镜和调节参数的作用，在相应的步骤中都有说明。

4. When（在何时）：时间选择对于航拍也非常重要。例如，对于夜景航拍，最好选择日落之后的夜晚进行航拍，这样才能拍出城市夜景之美。

5. How（怎么做）：本书讲求实用原则，满足读者想知道"怎么做"的心理。例如，怎么拍摄全景照片，如何进行照片构图处理，怎么在"剪映"手机版中剪辑处理单个视频。此外，本书全程图文并茂，并附带教学视频，让读者学习起来更顺利。

■ 本书显著特色

1. 配套视频讲解，手把手教你学习

本书配备了99节实例同步教学视频，读者可以边学边看，如同老师在身边手把手教学，便于读者轻松、高效学习。

2. 扫一扫二维码，随时随地看视频

本书对实操部分制作了二维码，使用手机微信扫一扫，就可以随时随地在手机上观看教学视频。

3. 本书内容全面，短期内快速上手

本书体系完整，全面涵盖了无人机飞行、航拍与视频后期制作的内容，采用"知识点+实操讲解"的模式编写，循序渐进地教学，让读者轻松学习、快速上手。

4. 提供实例素材，配套资源完善

为了方便读者对本书实例的学习，本书特别提供了实例的素材文件和效果文件，帮助大家掌握本书中实例的创作思路和制作方法，查看效果，对比学习。

■ **资源获取**

本书提供实例的讲解视频、素材文件和效果文件，读者使用手机微信扫一扫下面的二维码，关注"设计指北"公众号，输入WRJ19903至公众号后台，即可获取本书资源的下载链接。将该链接复制到计算机浏览器的地址栏中，根据提示进行下载（一定要复制到计算机浏览器的地址栏中，在计算机端下载），读者也可加入本书的读者交流圈，与其他读者在线学习交流，或查看本书的相关资讯。

设计指北公众号   读者交流圈

■ **特别提醒**

需要特别提醒的是，在编写本书时，编者是基于当前软件截取实际操作图片，但本书从编辑到出版需要一段时间，在这段时间里，软件界面与功能可能会有调整与变化，比如有的内容删除了，有的内容增加了，这是软件开发商进行的更新，请各位读者在阅读时，根据书中的思路举一反三地进行学习。

本书及附赠的资源文件所采用的图片、模板、音频及视频等素材均为所属公司、网站或个人所有，本书引用仅为说明（教学）之用，绝无侵权之意，特此声明。

■ **本书编者**

本书由新镜界编著，参与编写的人员有邓陆英，提供素材和帮助的人员有胡杨、赵高翔等，在此表示感谢！由于编者知识水平有限，书中难免有错误和疏漏之处，恳请广大读者批评指正。

编者

目　录

第2部分　飞行拍摄

第3部分　后期制作

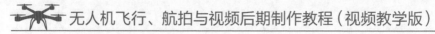

第 1 部分

新手入门

第 1 章
飞行炸机与危机处理

在无人机的圈子里，读者常说的"炸机"，并不是无人机在天空中爆炸了，而是由于各种操作不当、飞行不当的原因，导致无人机撞损、掉落和坠毁。炸机并不可怕，新手在飞行时也不要有太大的心理压力，就算炸机了，大疆还有理赔换新机服务。但我们要了解炸机的原因，这样才能安全地飞行无人机。

1.1 炸机排行榜

在航拍圈子里有一句话，说航拍"老司机"都是炸机炸出来的。本节总结了多种炸机因素，按炸机频率进行逐一介绍和说明，希望能够帮助"飞手们"减少炸机的概率，提高飞行的安全性，也希望能够降低读者玩无人机的损失与成本。

1.1.1　电线干扰

很多飞手在居民区飞行无人机时（在许可飞行地段），并没有注意到周围的环境，这样使无人机容易受到电线的干扰，导致无人机撞到电线直接掉到地上炸机，如图 1.1 所示。

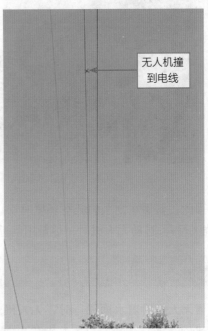

无人机撞到电线

图1.1　无人机撞到电线

因为电线比较细，在手机屏幕的飞行界面中不容易被发现，所以只能通过肉眼来观察高空中的环境，查看周围是否有电线。在飞行时，要尽量避开电线区域飞行。电线对无人机产生的电磁干扰非常严重，而且离电线的距离越近，信号干扰就会越强，所以在拍摄时，尽量不要到有电线的地方去飞行。

更可怕的是，电线一旦因为无人机的撞击而出现线路短路事件，影响就会非常严重，财产损失也会非常巨大。

1.1.2 障碍物影响

在侧面或者环绕飞行无人机时，也容易撞到无人机侧面的障碍物。这是因为有些无人机的侧面是没有避障功能的，并且通过飞行界面也无法查看到无人机侧面的飞行环境，如果侧面有电线、建筑或树木，无人机就很容易撞上去，从而导致炸机。图 1.2 所示为无人机在环绕飞行时，没有注意到侧面的树木，直接撞到了树上而导致炸机。

无人机撞到树木

图1.2 无人机撞到侧面障碍物

因此，新手在复杂的低空环境时切忌随意侧飞，尤其是录视频时沉迷"刷锅"（环绕飞行）。移动无人机时，尽量用前进运动来观察监控画面。

1.1.3 水面干扰

当无人机沿着水面飞行时，无人机的气压计会受到干扰，从而无法精确定位无人机的高度。此外，当无人机在水面飞行时，经常会出现"掉高"现象，即无人机会越飞越低。如果不控制无人机的高度，一不小心就会飞到水里面去了，如图 1.3 所示。

曾有一位飞手在水面上飞行无人机时，不小心将无人机飞到了水里，连无人机的"尸体"都打捞不上来，直接损失了一架无人机。所以一定要让无人机在你的可视范围内飞行，这样才可能规避飞行风险。并且不建议飞手贴近水面进行拍摄，这样会给无人机的飞行带来安全隐患。如果一定要在水面上飞行，建议在控制好初始高度之后切记绝不推下降杆，只推上升杆。

图1.3 无人机会飞到水里

1.1.4　电量不足

很多新手在刚开始飞行无人机时，会有一种错觉，就是明明感觉没飞多久，怎么就没电了，这是因为自己没有规划好时间和电量而导致的结果。当电量低于30%时（用户可以在系统中手动设置电量低于多少后报警），飞行界面会提示用户电量不足，如图 1.4 所示。如果无人机飞得太远又快没电了，就会因为返航时电量不足，强制原地下降。

图1.4 提示电量不足

如果无人机以剩余的电量飞不回起点了，这个时候该怎么办呢？建议摄像头垂直 90° 向下，抓紧时间寻找降落地点，优先寻找绿地等炸机损失小的地方。如果你还能看到无人机的降落地点并停机，那么运气还算不错，不过需要抓紧时间赶到无人机降落的地点，避免被人捡走，这个时候也不要关闭图传画面，它可以帮助你快速找到无人机。

当无人机飞行的距离过远时，屏幕中会发出警告信息，提示用户剩余电量仅够返航，这个时候就应该返航无人机了。

1.1.5 模式风险

起飞无人机时，由于 GPS（Global Positioning System，全球定位系统）信号弱，此时飞行界面中会提示用户无法起飞，或者提示无人机进入视觉定位模式，如图 1.5 所示。这时应禁止起飞无人机，可以先原地等待几分钟，等 GPS 信号正常了，再起飞无人机。

当无人机在视觉定位模式下时，如果强制起飞无人机，可能会导致无人机乱撞而炸机。这种情况下的炸机频率比较高，也是新手最容易出现的问题。

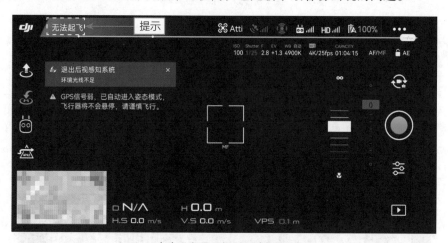

（a）飞行界面提示无法起飞

（b）飞行界面提示进入视觉定位模式

图1.5 由于 GPS 信号弱导致的后果

1.1.6　信号问题

在室内飞行无人机需要一定的水平，因为在室内基本上没有 GPS 信号，无人机是依靠光线进行视觉定位，用的是视觉定位模式，如图 1.6 所示。

图1.6　视觉定位模式

由于没有 GPS 定位，无人机在飞行中会有不稳定感，即使无任何操作也有可能出现无人机"飘飞"而撞到物件的情况。所以不建议新手用户在室内飞行无人机，可以等到操控十分熟练且有特殊需要时再尝试。

1.2　常用危机处理

在飞行无人机的过程中会遇到很多的突发事件，例如无人机无法定位、信号微弱、信号中断、信号丢失以及炸机后寻回无人机等。当遇到这一系列的问题后，对于新手来说会紧张和不知所措。那么，本节将向用户介绍如何处理飞行中的突发事件，帮助读者解决这些常见问题。

1.2.1　无法定位

有时候，无人机在起飞或飞行中，会提示无法定位，如图 1.7 所示，这是由于 GPS 信号微弱导致的。当出现这种问题时，只需要原地等待几分钟即可。如果 GPS 信号仍然显示不正常，就换一个广阔一点的地方起飞，无人机可能会恢复 GPS 信号。如果在飞行中提示无法定位，此时需要调整遥控器的天线，再等待几分钟，就可能会恢复信号的连接。

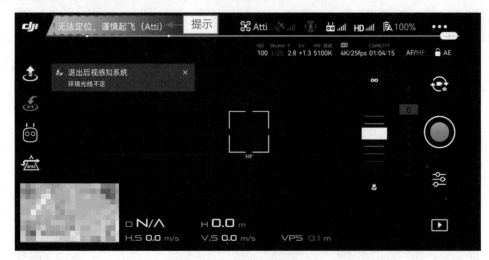

图1.7 无人机提示无法定位

1.2.2 信号微弱

在飞行中，当 GPS 信号丢失或者 GPS 信号比较微弱时，DJI GO 4 App 界面的左上角会提示用户"信号微弱，请避免遮挡并调整天线方向"，如图 1.8 所示。

图1.8 无人机提示信号微弱

当用户看到此类信息时，不用慌张，应该调整天线的角度。有很多新手认为，天线的顶端是信号最强的，于是把天线的顶端对准无人机，如图 1.9 所示，这样其实是不对的。正确的做法是把遥控器的天线平面对准无人机，此时无人机和遥控器的方向呈 90° 夹角，遥控器接收的信号才是最强的，如图 1.10 所示。当遥控器的信号比较强时，图传的质量才会高一些。

图1.9　错误的遥控器天线角度

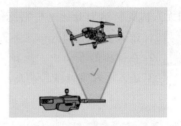

图1.10　正确的遥控器天线角度

1.2.3　信号中断

在飞行的过程中，如果遥控器的信号中断了，这时千万不要去随意拨动操作杆，解决方案如下。

第一，观察一下遥控器的指示灯，如果指示灯显示为红色，则表示遥控器与飞行器已中断，这个时候飞行器会自动返航，用户只需要在原地等待飞行器返回即可。

第二，调整好遥控器的天线，随时观察遥控器的信号是否与飞行器已连接。

当用户恢复遥控器与飞行器的信号连接后，要找出信号中断的原因，观察周围的环境对飞行器有哪些影响，避免下次再遇到这样的情况。

1.2.4　信号丢失

当 App 上的图传信号丢失时，第一时间是调整天线，并走动和进行转圈，看能否重新获得图传信号。然后再抬头查找无人机，如果无人机在视线内，此时可以先判断无人机的朝向，从而控制无人机，使其返航；如果无人机不在视线内，很有可能是被建筑物遮挡住了，可以尝试拉升无人机 5s，不可多操作。若是方位遮挡，须在确认安全的情况下，迅速移动无人机，使其避开建筑障碍，并尝试重新获得图传信号。

如果还是没有图传信号，请检查飞行界面上方的遥控器信号是否还存在，然后打开全屏地图，转动方向检查屏幕上无人机朝向是否有变化。如果有变化，说明只是图传丢失，仍然可以通过地图的方位指引无人机进行返航。

如果尝试了多种办法仍然无效，请记住飞行界面上原来的失控设置。如果设置为返航，就可以继续按返航键，然后等待无人机返航；如果设置为悬停，就迅速赶往无人机最后失去图传的地址，无人机很有可能还悬停在半空中。

1.2.5　炸机寻回

如果用户不知道无人机失联前在哪个位置，此时可以拨打大疆官方的客服电话，通过客服的帮助来寻回无人机。除了寻求客服的帮忙，还有什么办法可以寻回无人机呢？这里介绍一种特殊的位置寻回法，具体操作步骤如下。

步骤 01 进入 DJI GO 4 App 主界面，点击右上角的"设置"按钮☰，如图 1.11 所示。

步骤 02 在弹出的界面中，选择"飞行记录"选项，如图 1.12 所示。

步骤 03 进入个人飞行信息界面，在其中可以查看自己的飞行记录，如图 1.13 所示。

图 1.11 点击"设置"按钮

图 1.12 选择"飞行记录"选项

图 1.13 进入个人飞行信息界面

步骤 04 界面下方显示一个"记录列表"，从下向上滑动屏幕，可以查看全部飞行数据，选择一条最近的飞行记录，如图 1.14 所示。

步骤 05 在打开的地图界面中，可以查看无人机的飞行记录，如图 1.15 所示。

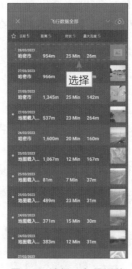

图 1.14 选择一条最近的
飞行记录

图 1.15 查看无人机的
飞行记录

步骤 06 ❶将界面底端的滑块拖曳至右侧；❷可以查看到飞行器最后时刻的坐标

值，如图 1.16 所示。通过这个坐标值可以找到无人机的大概位置。目前大部分的无人机坠机记录点的误差在 10m 以内，所以很容易找到无人机。

步骤 07 打开奥维互动地图 App，点击界面上方的"搜索"按钮，如图 1.17 所示。

步骤 08 进入搜索界面，输入查询到的坐标值，如图 1.18 所示。

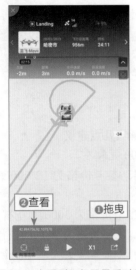

图 1.16　查看到飞行器最后时刻　　图 1.17　点击"搜索"按钮　　图 1.18　输入坐标值
　　　　　的坐标值

步骤 09 点击"搜索"按钮，即可搜索到无人机所在的地理位置，如图 1.19 所示。

步骤 10 双指滑动屏幕，放大地图，即可找到无人机的具体位置，如图 1.20 所示，然后就可以前往这个地点寻找无人机了。

图 1.19　搜索无人机的地理位置　　　　图 1.20　找到具体的位置

1.3 无人机的基本操作

当看到那些以"上帝视角"拍摄出来的照片和视频时，会觉得很震撼，并被这种独特的视角所吸引。因此，大部分摄影爱好者与普通用户都想拥有一台属于自己的无人机，飞到高空，俯瞰城市、山林等美景。本节主要讲解无人机的基本操作，帮助用户熟悉无人机。

1.3.1 选购无人机

作为一名无人机航拍新手，应该如何选购无人机呢？下面有几点建议。

（1）追求性价比，可以选择大疆 Air 系列，均价为 6000 元左右。

（2）追求画质，预算充足，可以选择大疆 Mavic 系列，参考价格为 12 000 元左右。

（3）追求便携，预算有限，可以选择大疆 Mini 系列，参考价格为 3000 元左右。

（4）预算紧张，1000 元以内，可以选择大疆 Tello（特洛），参考价格为 700 元左右。

（5）如果是航拍电影、电视剧、商业广告等，此时可以选择购买大疆 Inspire 系列，如大疆 Inspire 3 系列的参考价格为 80 000 元左右。

（6）如果本身有一定的摄影水平，为了拓展自己的职业技能，从而进入航拍领域，此时可以选择大疆的精灵系列和御系列，这两个系列都很适合，参考价格为 10 000 元左右。

图 1.21 所示为大疆两款热门无人机——大疆 Mini 3 Pro 和大疆 Mavic 3 Pro。

（a）大疆 Mini 3 Pro

（b）大疆 Mavic 3 Pro

图1.21 大疆热门无人机

1.3.2 关于 DJI GO 4 App

无人机是一种飞行器，它需要配合使用 DJI GO 4 App 才能在天空中飞得更好、更安全。本小节将讲解 DJI GO 4 App 的使用，如安装，注册、登录并连接 DJI GO 4 App 等。

1. 安装 DJI GO 4 App

下面介绍在苹果 iOS 系统中下载、安装并打开 DJI GO 4 App 的操作方法。

步骤 01 进入 App Store（应用商店），点击搜索栏，如图 1.22 所示。

步骤 02 ❶在搜索栏中输入并搜索 DJI GO 4，界面下方将显示出搜索结果；❷选择 DJI GO 4 并点击"获取"按钮，如图 1.23 所示。

步骤 03 在弹出的界面中，根据提示在侧边的开机按钮按两下，如图 1.24 所示，密码解锁之后，就可以下载 DJI GO 4 App。

2. 注册并登录 DJI GO 4 App

当用户在手机中安装好 DJI GO 4 App 后，接下来需要注册并登录 DJI GO 4 App，这样才能顺利地进入飞行界面，以及在 DJI GO 4 App 中拥有属于自己的账号。

该账号中会显示自己的用户名、作品数、粉丝数、关注数以及收藏数等信息。下面介绍注册与登录 DJI GO 4 App 的操作方法。

图1.22　点击搜索栏

图1.23　点击"获取"按钮

图1.24　侧边的开机按钮按两下

步骤 01 在下载和安装 DJI GO 4 App 之后，进入"登录"界面，如果是新人用户，需要点击"注册新账号"按钮，如图 1.25 所示。

步骤 02 输入邮箱或者手机号码，再输入验证码，就可以注册账号，并进入"设置密码"界面，❶输入密码；❷点击"注册"按钮，如图 1.26 所示。

步骤 03 进入"完善资料"界面，❶设置资料信息；❷点击"确定"按钮，如图 1.27 所示。

图1.25 点击"注册新账号"按钮

图1.26 点击"注册"按钮

图1.27 点击"确定"按钮

步骤 04 如果用户已有账号了，在 DJI GO 4 App 中点击"登录"按钮，如图 1.28 所示。

步骤 05 进入"登录"界面，❶输入账号和密码；❷点击"登录"按钮，如图 1.29 所示。

步骤 06 进入"我"界面，可以查看自己的头像、用户名、作品数、粉丝数、关注数以及收藏数等信息，如图 1.30 所示。

图1.28 点击"登录"
按钮（1）

图1.29 点击"登录"
按钮（2）

图1.30 查看用户相应的信息

3. 连接无人机

当用户注册与登录 DJI GO 4 App 后，需要将 App 与无人机设备进行正确连接，这样才可以通过 DJI GO 4 App 对无人机进行飞行控制。下面介绍连接无人机设备的操作方法。

步骤 01　对于初次登录 DJI GO 4 App 的用户而言，需要选择无人机设备，在"设备"界面中选择"御2"选项，如图 1.31 所示。

步骤 02　在弹出的界面中选择"连接飞行器"选项，如图 1.32 所示。

步骤 03　连续点击屏幕中的"下一步"按钮，直到进入"遥控器和飞行器对频"界面，点击"对频"按钮，如图 1.33 所示。

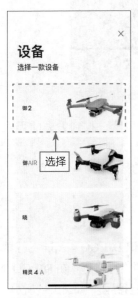

图 1.31　选择"御2"选项

图 1.32　选择"连接飞行器"选项

图 1.33　点击"对频"按钮

步骤 04　对频连接完成后，进入相应的界面，等版本检测结束后，点击"开始飞行"按钮，如图 1.34 所示，即可进入飞行界面操控无人机的飞行。

步骤 05　点击右上角的"设置"按钮 ☰，将会弹出相应的面板，在其中可以查看地图、飞行记录以及找飞机等信息，如图 1.35 所示。

- 选择"学院"选项，可以进入"学院"界面，其中有许多飞行知识、技巧供读者学习，还有飞行模拟练习。
- 选择"地图"选项，可以下载离线地图当作普通地图使用，但不能提供卫星地图。
- 选择"飞行记录"选项，可以查看自己的飞行记录，如飞行时间、飞行总距离等。
- 选择"商城"选项，可以打开浏览器并进入大疆商城，在其中可以购买大疆的产品，如相机设备、无人机设备等。

图1.34 点击"开始飞行"按钮

图1.35 弹出相应的面板

- 选择"找飞机"选项，可以根据无人机最后的飞行位置，找到丢失的无人机。很多大疆用户都是通过这种方法来寻找丢失的无人机。
- 选择"限飞信息查询"选项，可以查询无人机限飞的区域。

1.3.3 DJI GO 4 的飞行界面

将无人机与手机连接成功后，接下来进入飞行界面，认识 DJI GO 4 App 飞行界面中的各按钮和图标的功能，以帮助用户更好地掌握无人机的飞行技巧。在 DJI GO 4 App 主界面中，点击"开始飞行"按钮，即可进入无人机图传飞行界面，如图 1.36 所示。

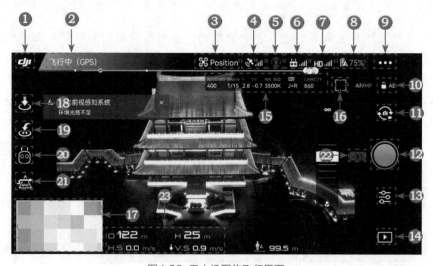

图1.36 无人机图传飞行界面

下面详细介绍图传飞行界面中各图标或按钮的含义及功能。

❶ "主界面" 按钮 **DJI**：点击该按钮，将返回 DJI GO 4 App 的主界面。

❷ "飞行器状态提示栏" 图标 飞行中（GPS）：在该状态栏中显示了飞行器的飞行状态，如果无人机处于飞行中，则提示 "飞行中（GPS）" 的信息。

❸ "飞行模式" 按钮 **Position**：显示了当前的飞行模式。点击该按钮，将进入 "飞控参数设置" 界面，在其中可以设置飞行器的返航点、返航高度以及新手模式等。

❹ "GPS 状态" 按钮：该按钮用于显示 GPS 信号的强弱。如果其只有一格信号，则说明当前 GPS 信号非常弱，此时若强制起飞，则会有炸机和丢机的风险；如果显示五格信号，则说明当前 GPS 信号非常强，用户可以放心在户外起飞无人机设备。

❺ "障碍物感知功能状态" 按钮：该按钮用于显示当前飞行器的障碍物感知功能是否能正常工作。点击该按钮，进入 "感知设置" 界面，可以设置无人机的感知系统以及辅助照明等。

❻ "遥控链路信号质量" 按钮：该按钮显示遥控器与飞行器之间遥控信号的质量。如果其只有一格信号，则说明当前信号非常弱；如果显示五格信号，则说明当前信号非常强。点击该按钮，就可以进入 "遥控器功能设置" 界面。

❼ "高清图传链路信号质量" 按钮 **HD**：该按钮显示飞行器与遥控器之间高清图传链路信号的质量。如果信号质量高，则图传画面稳定、清晰；如果信号质量差，则可能会中断手机屏幕上的图传画面信息。点击该按钮，就可以进入 "图传设置" 界面。

❽ "电池设置" 按钮 **75%**：用于实时显示当前无人机设备电池的剩余电量。如果飞行器出现放电短路、温度过高、温度过低或电芯异常，界面都会给出相应提示。点击该按钮，就可以进入 "智能电池信息" 界面。

❾ "通用设置" 按钮 **•••**：点击该按钮，进入 "通用设置" 界面，在其中可以设置相关的飞行参数、直播平台以及航线操作等。

❿ "自动曝光锁定" 按钮 **AE**：点击该按钮，就可以锁定当前的曝光值。

⓫ "拍照 / 录像切换" 按钮：点击该按钮，可以在拍照与拍视频之间进行切换。当用户点击该按钮后，将切换至拍视频界面，按钮也会发生相应变化，变成录像机的按钮。

⓬ "拍照 / 录像" 按钮：点击该按钮，就可以开始拍摄照片，或者开始录制视频画面，再次点击该按钮，将停止视频的录制操作。

⓭ "调整参数" 按钮：点击该按钮，在弹出的面板中可以设置拍照与录像的各项参数。

⓮ "素材回放" 按钮：点击该按钮，可以回看自己拍摄过的照片和视频文件，实时查看素材拍摄的效果是否令自己满意。

⓯ "相机参数" 图标 400 1/15 2.8 -0.7 3500K J+R 860：显示当前相机的拍照 / 录像参数，以及剩余的可拍摄容量。

⓰ "对焦 / 测光切换" 按钮：点击该按钮，可以切换对焦和测光的模式。

⑰ "飞行地图与状态"按钮（图 1.36 左下角图标）：该按钮是以高德地图为基础，显示了当前飞行器的姿态、飞行方向以及雷达功能。点击地图按钮，即可放大地图显示，可以查看飞行器目前的具体位置。

⑱ "自动起飞 / 降落"按钮 / ：点击该按钮，就可以使用无人机的自动起飞与自动降落功能。

⑲ "自动返航"按钮：点击该按钮，就可以使用无人机的智能返航功能，以帮助用户一键返航无人机。这里需要注意的是，当使用一键返航功能时，一定要先更新返航点，以免无人机飞到其他地方，而不是自己当前所站的位置。

⑳ "智能模式"按钮：点击该按钮，可以使用无人机的智能飞行功能，如"兴趣点环绕""一键短片""延时摄影""智能跟随""指点飞行"等模式。

㉑ "避障功能"按钮：点击该按钮，将弹出"安全警告"提示信息，提示用户在使用遥控器控制飞行器向前或向后飞行时，将自动绕开障碍物。

㉒ "俯仰角度"图标 -31 ：显示相机镜头的俯仰角度，这里显示的是俯角 -31°。

㉓ "飞行距离、高度和速度"图标：D 显示飞行器与返航点水平方向的距离，V.S 显示飞行器在水平方向的飞行速度；H 显示飞行器与返航点垂直方向的距离；H.S 显示飞行器在垂直方向的飞行速度。

1.3.4 认识遥控器

扫一扫，看视频

遥控器控制无人机的飞行，下面介绍遥控器上的各功能按钮，如图 1.37 所示。

❶ 状态显示屏：可以实时显示飞行器的飞行数据，如飞行距离、飞行高度以及剩余的电池电量等信息。

❷ "急停"按钮：当用户在智能飞行过程中，如果中途出现特殊情况需要停止飞行，可以按下此按钮，飞行器将停止当前的一切飞行活动。

❸ "五维"按钮：这是一个自定义功能键，用户可以在飞行界面点击右上角的"通用设置"按钮，打开"通用设置"界面，在左侧点击"遥控器"按钮，进入"遥控器功能设置"界面，在其中可以自定义设置五维键的功能。

❹ 可拆卸操作杆：操作杆主要负责飞行器的飞行方向和飞行高度，如前、后、左、右、上、下以及旋转方向等。

❺ 智能返航键：长按智能返航键，将发出"嘀嘀"的声音，此时的飞行器将返航至最新记录的返航点，在返航过程中还可以使用操作杆控制飞行器的飞行方向和速度。

❻ 主图传 / 充电接口：接口为 Micro USB。该接口有两个作用：一是用来充电；二是用来连接遥控器和手机，通过手机屏幕查看飞行器的图传和飞行信息。

❼ "电源"按钮：首先短按一次电源按钮，状态显示屏上将显示遥控器当前的电量信息，然后再长按 3s，即可开启遥控器，显示开机信息；关闭遥控器的方法也是一样的，首先短按一次，然后长按 3s，即可关闭遥控器。

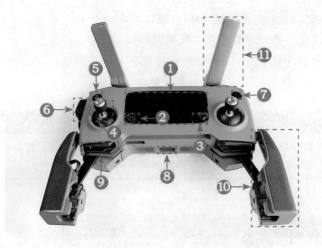

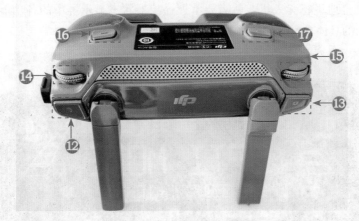

图1.37 遥控器上的各功能按钮

⑧ 备用图传接口：这是备用的 USB 图传接口。如果拔下主图传接口数据线后，可用 USB 数据线连接平板电脑。

⑨ 操作杆收纳槽：当用户不再使用无人机时，需要将操作杆取下，放进该收纳槽中。

⑩ 手柄：双手握着，手机放在两个手柄的中间卡槽位置，用于稳定手机等移动设备。

⑪ 天线：用于接收信号信息，准确与飞行器进行信号接收和传达。

⑫ "录影" 按钮：按下该按钮，可以开始或停止视频画面的录制操作。

⑬ 对焦 / 拍照按钮：该按钮为半按状态时，可以为画面对焦；按下该按钮，可以拍照。

⑭ 云台俯仰控制拨轮：可以实时调节云台的俯仰角度和方向。

⑮ 光圈 / 快门 /ISO 调节拨轮：可以根据拍摄模式调节光圈、快门和 ISO 的具体参数，点按可以切换调节选项，滚动可以调节具体数值。

⑯ 自定义功能按键C1：该按钮默认情况下是中心对焦功能，用户可以在DJI GO 4的"通用设置"界面中自定义设置功能按键。

⑰ 自定义功能按键C2：该按钮默认情况下是回放功能，用户可以在DJI GO 4的"通用设置"界面中自定义设置功能按键。

▶ 注意

　　目前大疆大部分的无人机都有带屏遥控器，带屏和不带屏的遥控器各有优缺点，但遥控器上的按钮大部分是相同的，读者可以根据预算和需求进行选择。

扫一扫，看视频

1.3.5 认识状态显示屏

要想安全地飞行无人机，就需要掌握遥控器状态显示屏中的各功能信息，熟知它们代表的具体含义，如图1.38所示。

图1.38 遥控器状态显示屏

下面简单介绍状态栏中各信息的含义。

❶ 飞行速度：显示飞行器当前的飞行速度。

❷ 飞行模式：显示当前飞行器的飞行模式。OPTI是指视觉定位模式；如果显示的是GPS，则表示当前是GPS模式。

❸ 飞行器的电量：显示当前飞行器的剩余电量信息。

❹ 遥控器信号质量：五格信号代表质量非常好；如果只有一格信号，表示信号非常弱。

❺ 电机转速：显示当前电机转速数据。

⑥ 系统状态：显示当前无人机系统的状态信息。

⑦ 遥控器电量：显示当前遥控器的剩余电量信息。

⑧ 下视视觉系统显示高度：显示飞行器下视视觉系统的高度数据。

⑨ 视觉系统：此处显示的是视觉系统的名称。

⑩ 飞行高度：显示当前飞行器飞行的高度。

⑪ 相机曝光补偿：显示相机曝光补偿的参数值。

⑫ 飞行距离：显示当前飞行器起飞后与起始位置的距离值。

⑬ SD 卡：这是 SD 卡（Secure Digital Memory Card，安全数码存储卡）的检测提示，表示 SD 卡正常。

1.3.6　固件升级

无论是哪一款无人机，都会遇到固件升级问题。既然是系统设备，就会有系统更新。更新和升级系统可以帮助无人机修复系统漏洞，或者新增某些功能，提升飞行的安全性。在进行系统固件升级前，一定要保证手机和无人机都有足够的电量，以免升级过程中断，导致无人机系统崩盘。

每一次开启无人机时，DJI GO 4 App 都会进行系统版本的检测，界面上会显示相应的检测提示信息，如图 1.39 所示。

如果系统是最新版本的，就不需要升级，系统可以正常使用，如图 1.40 所示。

如果系统的版本不是最新的，则界面顶端会显示红色的提示信息，如图 1.41 所示。提示用户可以升级的固定类型，这里提示飞行器与遥控器固件都需要升级。

图 1.39　显示检测提示信息

图 1.40　显示最新版本

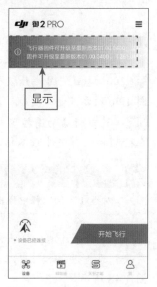

图 1.41　显示红色的提示信息

下面介绍固件升级的具体操作方法。

步骤 01 点击上方红色信息内容，进入"固定升级"界面，其中详细介绍了更新的日志信息，以及相关注意事项，点击"开始升级"按钮，如图1.42所示。

步骤 02 弹出提示信息框，点击"继续"按钮，如图1.43所示。

步骤 03 此时程序开始下载升级包，并显示下载进度。稍等片刻，待升级包下载完成后，将自动上传到固件程序，对固件进行升级操作，并显示上传进度，如图1.44所示。

图1.42 点击"开始升级"按钮

图1.43 点击"继续"按钮

图1.44 显示上传进度

步骤 04 上传完成后，界面弹出提示信息框，提示遥控器固件升级成功，需要重新启动遥控器与飞行器，点击"确定"按钮，如图1.45所示。

步骤 05 返回"固件升级"界面，并点击"完成"按钮，完成固件的升级操作，如图1.46所示。

步骤 06 重新启动遥控器与飞行器，打开DJI GO 4 App，此时界面上方显示版本正在检测和检查固件版本信息，如图1.47所示。

▶ **注意**

　　对于在飞行过程中弹出的升级提示，可以暂时忽略，等安全降落无人机后再升级。

步骤 07 稍等片刻，弹出"固件版本不一致"的信息，提示用户电池模块的固件也需要升级。接下来对电池的固件进行升级，从左向右滑动"滑动来刷新"按钮，如图1.48所示。

步骤 08 稍后界面上方显示固件正在升级中，并显示升级进度，如图1.49所示。

步骤 09 待升级完成后，程序再次进行版本检测，如果固件已全部升级完成，则会显示版本已经更新完成的信息，如图 1.50 所示。

图1.45　点击"确定"按钮

图1.46　点击"完成"按钮

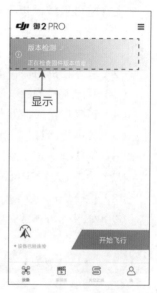

图1.47　显示固件版本信息

图1.48　滑动相应的按钮

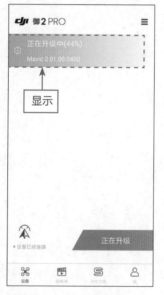

图1.49　显示升级进度

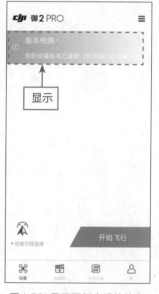

图1.50　显示更新完成的信息

　　固件升级可以保证无人机飞控系统的稳定性，解决一些系统程序存在的漏洞。接下来，读者可以带着自己的无人机出去飞行了。

1.3.7 安全检查与事项

飞行前可以按照以下顺序，再次检查、开启无人机，确保飞行的安全性。

（1）将无人机放在干净、平整的地面上起飞，千万不能在灰尘比较多的地方起飞，也不能在草地上起飞，否则会对无人机产生磨损。

（2）取下相机的保护罩，确保相机镜头的清洁。

（3）开启遥控器的电源，然后开启无人机的电源。

（4）正确连接遥控器与手机。

（5）校准指南针信号和 IMU。

（6）等待全球定位系统锁定。

（7）检查 LED（light emitting diode，发光二极管）显示屏是否正常。

（8）检查 DJI GO 4 App 启动是否正常，图传画面是否正常。

（9）如果一切正常，就可以开始起飞了。

▶ **注意**

在沙漠地区飞行无人机时，要注意不能让云台接触沙石。如果云台进了沙子，那么会造成云台活动受阻，同样会影响云台的性能。如果发现云台水平性能存在误差，此时可以进入云台设置界面，进行云台自动校准，以保持云台的最佳平衡。

第 **2** 章

首次飞行与降落

　　用户在首次飞行无人机之前，需要正确掌握飞行无人机的相关技巧。在初次起飞时，大部分用户的心理都是非常紧张的，毕竟无人机的价格很贵，一不小心摔坏了可不好。因此，本章主要向读者介绍首次飞行与降落的一系列操作技巧，只要用户掌握了这些技巧，再去操控无人机，并多加练习，就可以安全地飞行无人机了。

2.1 飞行前做准备

在起飞无人机之前，我们要做好准备，掌握安全起飞的步骤。例如，准备遥控器和飞行器、校准无人机指南针等操作，保证无人机安全起飞。

2.1.1 准备遥控器

扫一扫，看视频

在飞行无人机之前，首先要准备好遥控器，请按以下顺序进行操作，正确展开遥控器，并连接好手机移动设备。

步骤 01 将遥控器从背包中取出来，如图 2.1 所示。

步骤 02 以正确的方式展开遥控器的天线，确保两根天线正确打开，如图 2.2 所示。

图2.1 将遥控器从背包中取出来　　　　　　　图2.2 展开遥控器的天线

步骤 03 将遥控器下方的两侧手柄平稳地展开，如图 2.3 所示。

步骤 04 取出左侧的遥控器操作杆，通过旋转的方式拧紧，如图 2.4 所示。

 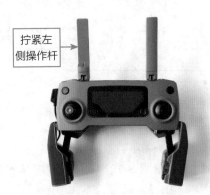

图2.3 平稳地展开两侧手柄　　　　　　　图2.4 拧紧左侧操作杆

步骤 05 取出右侧的遥控器操作杆，通过旋转的方式拧紧，如图 2.5 所示。

步骤 06 接下来开启遥控器。首先短按一次遥控器电源开关，然后长按摇控器电源键 3s，松手后就可以开启遥控器的电源。此时遥控器在搜索飞行器，如图 2.6 所示。

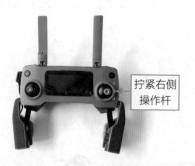

拧紧右侧操作杆

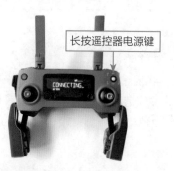

长按遥控器电源键

图2.5　拧紧右侧操作杆

图2.6　开启遥控器

步骤 07 当遥控器搜索到飞行器后，即可显示相应的状态屏幕，如图 2.7 所示。

步骤 08 找出遥控器上连接手机接口的数据线，如图 2.8 所示。

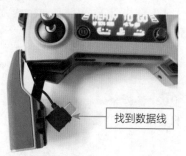

找到数据线

图2.7　显示相应的状态屏幕

图2.8　找出遥控器上的数据线

步骤 09 将数据线的接口接入手机接口中，进入正确连接，如图 2.9 所示。

步骤 10 将手机卡入两侧手柄的插槽中，卡紧稳固，即可准备好遥控器，如图 2.10 所示。

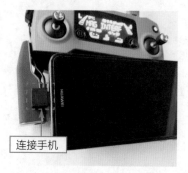

连接手机

卡紧

图2.9　将数据线的接口接入手机接口中

图2.10　将手机卡入两侧手柄的插槽中

> ▶ **注意**
>
> 　　如果是全新的飞行器，当用户首次使用 DJI GO 4 App 时，需要激活才能使用。激活时，请用户确保手机移动设备已经接入互联网。

扫一扫，看视频

2.1.2 准备飞行器

　　当准备好遥控器后，接下来需要准备好飞行器，请按以下顺序展开飞行器的机臂，并安装好螺旋桨和电池，具体步骤和流程如下。

步骤 01 将飞行器从背包中取出，平整地摆放在地上，如图 2.11 所示。

图2.11 将飞行器平整地摆放在地上

步骤 02 将云台保护罩取下，底端有一个小卡口，轻轻往里按一下，保护罩就会被取下来，如图 2.12 所示。

取下云台
保护罩

图2.12 将云台保护罩取下来

步骤 03 将无人机的前机臂展开，如图 2.13 所示，该图中注明了前机臂的展开方向。向外展开前机臂时，动作一定要轻，太过用力可能会掰断无人机的前机臂。

步骤 04 用同样的方法，将无人机的另一只前机臂展开，如图 2.14 所示。

图2.13 将无人机的前机臂展开

图2.14 将无人机的另一只前机臂展开

步骤 05　通过向下旋转展开的方式，展开无人机的后机臂，如图 2.15 所示。

步骤 06　安装好无人机的电池，两边有卡口按钮，按下去并按紧，如图 2.16 所示。

图2.15 展开无人机的后机臂

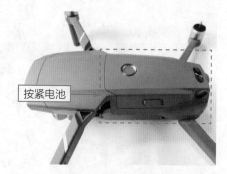

按紧电池

图2.16 安装好无人机的电池

步骤 07　展开无人机的前机臂和后机臂，并安装电池，整体效果如图 2.17 所示。

步骤 08　接下来安装螺旋桨，将桨叶安装卡口对准插槽位置，如图 2.18 所示。

图2.17 无人机整体效果

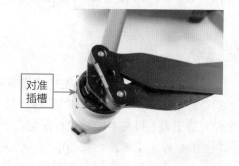

对准
插槽

图2.18 将桨叶安装卡口对准插槽

步骤 09　轻轻按下去，并旋转拧紧螺旋桨，如图 2.19 所示。

步骤 10　用与上面同样的方法，旋转拧紧其他的螺旋桨，整体效果如图 2.20 所示。

步骤 11　短按电池上的电源开关键，然后长按电源开关键 3s，再松手，即可开启无人机的电源，如图 2.21 所示。此时指示灯上亮了 4 格电，表示无人机的电池是充满电的状态。

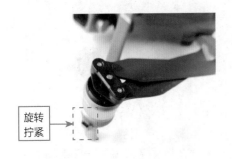

图2.19 旋转拧紧螺旋桨

图2.20 旋转拧紧其他的螺旋桨

图2.21 开启无人机的电源

> ▶ **注意**

在无人机上，短按一次电源开关键，可以看到电池还剩下几格电量。当用户需要关闭无人机时，依然是先短按一次电源开关键，再长按3s，松手后，即可关闭无人机。

2.1.3 校准指南针

扫一扫，看视频

每次需要飞行时，都要先校准指南针，确保罗盘的正确是非常重要的一步。特别是每当去一个新的地方开始飞行时，一定要记得先校准指南针，再开始飞行，这样有助于无人机在空中的飞行安全。下面介绍校准指南针的操作方法。

步骤01 开启遥控器，打开 DJI GO 4 App 进入飞行界面后，如果指南针没有正确运行，此时系统在状态栏中会有相关提示信息，如图2.22所示。

步骤02 点击状态栏中的"指南针异常……"提示信息，进入"飞行器状态列表"界面，点击右侧的"校准"按钮，如图2.23所示。

步骤03 弹出信息提示框，点击"确定"按钮，如图2.24所示。

步骤04 进入校准指南针模式，请按照界面提示，水平旋转飞行器360°，如图2.25所示。

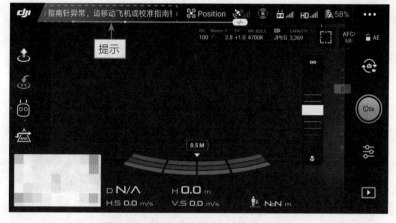

图 2.22　系统在状态栏中提示指南针异常

图 2.23　点击"校准"按钮

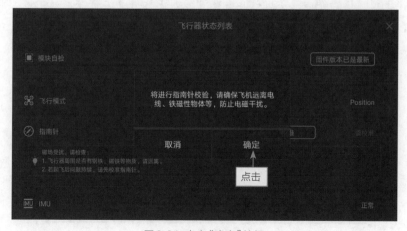

图 2.24　点击"确定"按钮

图2.25 水平旋转飞行器360°

步骤 05 水平旋转完成后，界面中继续提示用户竖直旋转飞行器360°，如图2.26 所示。

图2.26 竖直旋转飞行器360°

步骤 06 当用户根据界面提示进行正确操作后，手机屏幕上将弹出提示信息框，提示用户指南针校准成功，点击"确认"按钮，如图2.27所示。

图2.27 点击"确认"按钮

步骤 07 完成指南针的校准操作后，返回"飞行器状态列表"界面，此时"指南针"选项右侧将显示"指南针正常"的信息，如图 2.28 所示。

图2.28　显示"指南针正常"的信息

当用户根据上述界面中的一系列操作对飞行器进行水平和竖直旋转 360° 后，如果手机屏幕中继续弹出"指南针校准失败"的提示信息，如图 2.29 所示，则说明用户所在的位置磁场确实过大，对无人机的干扰很严重。请用户带着无人机远离目前所在的位置，再找一个无干扰的环境，继续校准指南针的方向。

图2.29　弹出"指南针校准失败"的提示信息

2.1.4　检查硬件、配件

无人机起飞前，先检查硬件、配件是否完整，机身是否正常，各部件是否松动，螺旋桨是否松动或者损坏，插槽是否卡紧。图 2.30 所示的螺旋桨是松动的、没有卡紧；图 2.31 所示的螺旋桨是卡紧的、正确的。

扫一扫，看视频

飞行器一共有4个螺旋桨，如果只有3个卡紧了，有一个是松动的，那么飞行器在飞行的过程中很容易因为机身无法平衡，而造成炸机的结果。用户在安装螺旋桨时，一定要安装正确，按逆顺的安装原则：迎风面高的桨在左边，是逆时针；迎风面低的桨在右边，是顺时针。

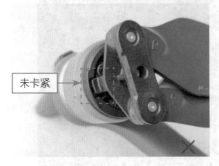
图2.30 螺旋桨是松动的

图2.31 螺旋桨是卡紧的

　　电池的插槽是否卡紧，也需要仔细检查，否则会有安全隐患。图2.32所示为电池插槽没有卡紧的状态，电池凸起、不平整、中间缝隙很大；图2.33所示为电池的正确安装效果。

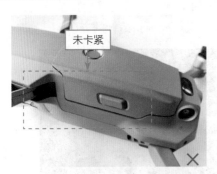
图2.32 电池插槽没有卡紧的状态

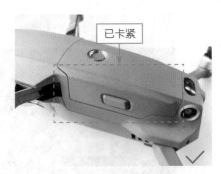
图2.33 电池的正确安装效果

　　将无人机放在水平起飞位置后，应取下云台保护罩，再开启无人机。图2.34所示为云台保护罩未取下的状态；图2.35所示为云台保护罩取下后的状态。

图2.34 云台保护罩未取下的状态

图2.35 云台保护罩取下后的状态

> ▶ **注意**
>
> 　　有些用户会忘记取下云台保护罩，这样对于相机是有磨损的。因为无人机开启电源后，相机镜头会自动进行旋转和检测，如果云台保护罩没有取下来，镜头就不能旋转自检。

2.1.5　检查 SD 卡

　　读者在外出拍摄前，一定要检查无人机中的 SD 卡是否有足够的存储空间，或者检查无人机中是否有 SD 卡。如果用户将无人机中的 SD 卡取出来了，飞行界面上方会提示"SD 卡未插入"的信息，看到这个信息后，用户就知道无人机中并没有 SD 卡。

　　检查 SD 卡是非常重要的一项操作，以免到了拍摄地点，看到那么多美景，却拍不下来，也是很痛苦的事情。如果跑回家将 SD 卡的容量腾出来，再外出拍摄，一是浪费时间，二是让人觉得折腾，会失去拍摄的热情。所以在拍摄之前，一定要检查 SD 卡。

2.1.6　提前充电和检查

　　飞行之前，一定要提前检查飞行器的电池、遥控器的电池以及手机是否充满电，以免到了拍摄地点后，发现没有电，然后到处找充电的地方，这是非常麻烦的事情。

　　飞行器的电池弥足珍贵，一块满格的电池只能用 30min 左右，如果飞行器只有一半的电量，还要留 25% 的电量返航，那飞上去可能也会拍不了多少内容。

　　当我们难得发现一个很美的景点可以航拍，然后驱车几个小时到达，却发现无人机忘记充电了，这是一件非常痛苦的事。在这里，建议有车一族买个车载充电器，这样就算电池用完了，也可以在车上边开车边充电，及时解决了充电的问题和烦恼。

　　如果是安卓系统的手机，当遥控器与手机进行连接时，遥控器会自动给手机进行充电。如果手机不是满格电，这时遥控器的电量就会消耗得比较快，因为它会一边给手机充电，一边接收和发送图传信息，还要控制飞行器的飞行。如果遥控器没电了，无人机在空中就比较危险了。所以建议用户在飞行无人机之前，将手机电量充满。

2.2　起飞与降落

　　无人机在起飞与降落的过程中是最容易发生事故的，所以要熟练掌握无人机的起飞与降落操作，主要包括手动起飞、手动降落与自动起飞、降落等。

扫一扫，看视频

2.2.1 手动起飞

准备好遥控器与飞行器后，接下来开始学习如何手动起飞无人机。

步骤 01 在手机中，打开 DJI GO 4 App，进入 App 启动界面，如图 2.36 所示。

步骤 02 稍等片刻，进入 DJI GO 4 App 主界面，左下角提示设备已经连接，点击右侧的"开始飞行"按钮，如图 2.37 所示。

图2.36 进入 App 启动界面

图2.37 点击"开始飞行"按钮

步骤 03 进入 DJI GO 4 App 飞行界面，当用户校正好指南针后，状态栏中将弹出"起飞准备完毕（GPS）"的提示信息，表示飞行器已经准备好，用户随时可以起飞无人机，如图 2.38 所示。

图2.38 弹出"起飞准备完毕（GPS）"的提示信息

步骤 04 通过拨动操作杆的方向来启动电机。将两个操作杆同时向内推，或者同时向外推，如图 2.39 所示，即可启动电机。此时，螺旋桨启动，开始旋转。

（a）同时向内推　　　　　　　　　　（b）同时向外推

图 2.39 推动两个操作杆

步骤 05 开始起飞无人机，将左操作杆缓慢向上推动，如图 2.40 所示，飞行器即可起飞，慢慢上升。当停止向上推动油门时，飞行器将在空中悬停。这样，就正确、安全地起飞无人机了。

图 2.40 将左操作杆缓慢向上推动

2.2.2 手动降落

当飞行结束后，需要降落无人机时，将左操作杆缓慢向下推，如图 2.41 所示，无人机即可缓慢降落。

扫一扫，看视频

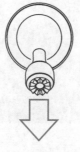

图 2.41 将左操作杆缓慢向下推

当无人机降落至地面后，用户可以通过两种方法停止电机的运转：第一种方法

37

是将左操作杆向下推到最低的位置，并保持 3s，电机即可停止；第二种方法是执行推杆动作，将两个操作杆同时向内推，或者同时向外推，如图 2.42 所示，即可停止电机。

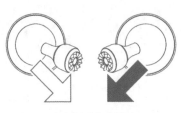

（a）同时向内推 （b）同时向外推

图2.42 推动两个操作杆

> ▶ 注意
>
> 　　无人机在下降的过程中，用户一定要盯紧无人机，并将无人机降落在一片平整、干净的区域，下降的地方不能有人群、树木以及杂物等，特别要防止小孩靠近。在遥控器操作杆的操作上，启动电机和停止电机的操作方式是一样的。

扫一扫，看视频

2.2.3 自动起飞

　　使用"自动起飞"功能可以帮助用户一键起飞无人机，既方便又快捷。下面介绍自动起飞无人机的操作方法。

步骤 01 将飞行器放在水平地面上，依次开启遥控器与飞行器的电源，当左上角状态栏显示"起飞准备完毕（GPS）"的信息后，点击左侧的"自动起飞"按钮，如图 2.43 所示。

图2.43 点击"自动起飞"按钮

步骤 02 执行操作后，弹出提示信息框，提示用户是否确认自动起飞，根据提示向右滑动相应的按钮，起飞无人机，如图 2.44 所示。

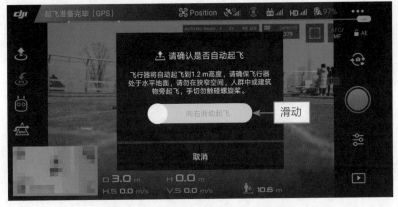

图2.44 根据提示向右滑动相应的按钮

步骤 03 此时，无人机即可自动起飞。当无人机上升到1.2m的高度后，将自动停止上升，需要用户轻轻地向上拨动左操作杆，继续将无人机向上升，状态栏显示"飞行中（GPS）"的提示信息，表示飞行状态安全，如图2.45所示。

图2.45 飞行状态安全

2.2.4 自动降落

使用自动降落功能可以自动降落无人机，在操作上也更加便捷，但无人机在降落的过程中，用户要确保地面无任何障碍物，因为使用自动降落功能后，无人机的避障功能会自动关闭，无法自动识别障碍物。下面介绍自动降落无人机的操作方法。

扫一扫，看视频

步骤 01 当用户需要降落无人机时，点击左侧的"自动降落"按钮，如图2.46所示。

步骤 02 执行操作后，弹出提示信息框，提示用户是否确认自动降落操作，点击"确认"按钮，如图2.47所示。

图2.46 点击"自动降落"按钮

图2.47 点击"确认"按钮

步骤 03 此时，无人机将自动降落，界面中弹出"飞行器正在降落，视觉避障关闭"的提示信息，如图2.48所示，用户要保证无人机下降的区域内没有任何障碍物或人。当无人机下降到水平地面上，即可完成自动降落操作。

图2.48 无人机将自动降落

▶ **注意**

在 DJI GO 4 App 飞行界面中，如果界面中提示用户"电池温度低于15℃，性能会显著下降，影响飞行安全"，此时建议用户将电池充满电，并预热至25℃以上再飞行。

2.2.5 一键返航

当无人机飞得比较远时，可以使用自动返航模式让无人机一键返航，这样操作的好处是比较方便，不用重复拨动左右操作杆，手动降落无人机；而缺点是用户需要提前更新好返航地点，然后才能使用自动返航功能，避免无人机飞到其他地方。下面介绍一键返航的操作方法。

步骤 01 在飞行界面中，点击左侧的"自动返航"按钮，如图 2.49 所示。

图2.49 点击"自动返航"按钮

步骤 02 执行操作后，弹出提示信息框，提示用户是否要确认返航，用户根据界面提示，向右滑动相应的按钮，使无人机返航，如图 2.50 所示。

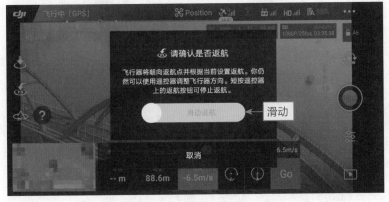

图2.50 根据界面提示向右滑动返航

▶ 注意

当无人机飞行的距离与返航点比较近时，使用自动返航模式后，界面将自动切换至自动降落模式，界面左上角也会有相应的提示信息。

步骤 03 执行操作后，界面左上角显示相应的提示信息，提示用户正在自动返航，如图 2.51 所示，稍候片刻，即可完成无人机的自动返航操作。

图 2.51 显示相应的提示信息

2.2.6 紧急停机

用户在飞行无人机的过程中，如果空中突然出现了意外情况，需要紧急停机，此时用户可以按下遥控器上的"急停"按钮，如图 2.52 所示。按下该按钮后，无人机将立刻悬停在空中。用户可以等环境安全之后，再继续飞行操作。

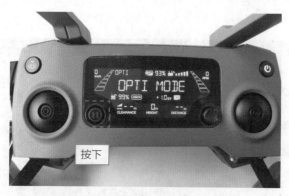

图 2.52 按下遥控器上的"急停"按钮

第**3**章

构图取景技巧

构图是拍出好照片的第一步，这一点在航拍摄影中同样重要。构图是突出画面主题最有效的方法。好的构图能够让你的作品吸引观众的眼球，并产生共鸣。在对焦和曝光都正确的情况下，优秀的构图技巧往往会让一张照片脱颖而出。本章主要介绍航拍摄影中构图取景的技巧，以帮助读者掌握如何拍出满意的作品。

3.1 构图角度

在用无人机拍摄时，选择不同的拍摄角度拍摄同一个物体时，得到的画面效果是有差异的。不同的航拍构图角度会带来不同的感受，因此在航拍时，可以选择不同的视点，将普通的被拍摄对象以更新鲜、别致的方式展现出来。

3.1.1 平视角度

平视是指在用无人机拍摄时，平行取景被摄对象，镜头与被摄对象的高度保持一致，以给观众一些亲切感。图 3.1 所示为航拍的福元路大桥夜景风光照片。该照片用平视角度拍摄而成，使建筑物真实地展示出来，不仅具有客观性，还展现出画面的壮观。

图3.1 福元路大桥夜景风光照片

3.1.2 俯视角度

俯视，简而言之就是要选择一个比主体更高的拍摄位置拍摄，此时主体所在的平面与无人机所在的平面会形成一个相对大的夹角。俯视角度需要寻找高角度，拍摄出来的照片视角大，可以很好地展现画面的透视感、纵深感以及层次感。在拍摄俯视角度的航拍照片时，可以通过调节遥控器上的俯仰拨轮增加俯角。

图 3.2 所示为航拍的梅溪湖大剧院照片。该组照片用垂直地面 90° 的俯视角度拍摄而成，展现出大剧院日夜景的变化，夜景时还有绝美的灯光加以修饰，让整体画面更具震撼感。

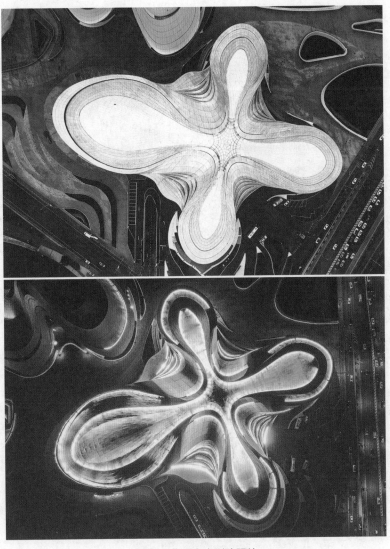

图 3.2 梅溪湖大剧院照片

3.2 构图方法

无人机航拍构图与传统的摄影构图艺术是一样的，照片所需要的要素都相同，包括主体、陪体和环境等。本节介绍了 8 种常见的构图取景方法，帮助读者拍出优美的风光大片。

3.2.1 主体构图

主体就是画面中的主题对象，它是反映内容与主题的主要载体，也是画面构图的重点或中心。主体是主题的传达对象，陪体和主体相伴而行，背景位于主体之后并用以交代环境。三者是相互呼应和关联的，也就是说摄影中的主体与陪体有机联系在一起，背景也不是孤立的，而与主体相得益彰的。

在航拍时，如果遇到拍摄的主体面积较大，或者极具视觉冲击力，此时可以把拍摄主体放在画面中心的位置，采用居中法进行拍摄。图 3.3 所示为航拍的江中小岛照片，画面中主体明确、主题突出，展现了小岛的全貌。

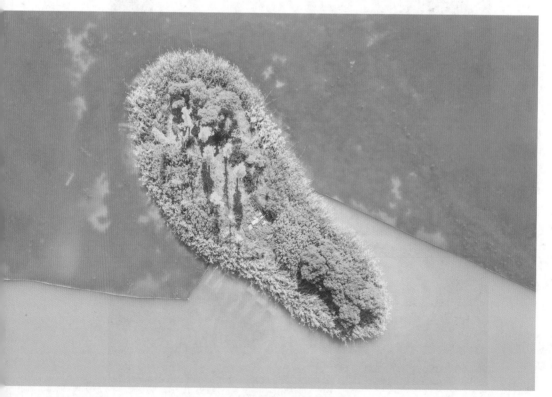

图3.3 江中小岛照片

▶ 注意

　　航拍初学者很容易犯的一个细节毛病，就是希望镜头能拍下很多的内容。其实有经验的航拍摄影师刚好相反，他们希望镜头拍摄的对象越少越好，因为对象越少主体就会越突出。

3.2.2 多点构图

　　点是所有画面的基础。在摄影中，它可以是画面中真实的一个点，也可以是一个面；只要是画面中很小的对象就可以称之为点。在照片中，点所在的位置直接影响到画面的视觉效果，并会带来不同的心理感受。

　　如果我们的无人机飞得很高，在俯拍地面景色时，就会出现很多重复的点对象，这种构图就可以称为多点构图。我们在拍摄多个主体时，就可以用这种构图方式。用此构图方式航拍的照片往往可以体现多个主体，并且可以完整地记录下所有的主体。

　　图 3.4 所示就是以多点构图方式航拍的水杉林照片。可以看到，一棵棵的树木在照片中变成了一个个的小点，并以多点的方式呈现，加之树木的颜色具有差异，形成一个个的天然色块，美感十足。

图 3.4　以多点构图方式航拍的水杉林照片（摄影师：赵高翔）

3.2.3 斜线构图

斜线构图是在按静止的横线上出现的斜线展现形式，画面具有一种静谧的感觉，同时斜线的延伸性可以加强画面深远的透视效果。斜线构图的不稳定性使画面富有新意，给人以独特的视觉效果。

利用斜线构图可以使画面产生三维的空间效果，增强画面立体感，又可以使画面充满动感与活力，且富有韵律感和节奏感。斜线构图是非常基本的构图方式，在拍摄轨道、山脉、植物、沿海等风景时就可以采用斜线构图的技巧手法。

图 3.5 所示为以斜线构图航拍的大桥照片。采用斜线式的构图手法，可以体现大桥的方向感和延伸感，吸引观众的目光，具有很强的视线导向性。在航拍摄影中，斜线构图是一种使用频率颇高，且颇为实用的构图方法，希望读者可以熟练掌握。

图3.5 以斜线构图航拍的大桥照片

▶ 注意

　　斜线构图下的大桥具有延伸感，还可以使用斜线构图方法拍摄立交桥的车流，画面也会极具动感，且具有吸引力。

3.2.4　曲线构图

　　曲线构图是指摄影师抓住拍摄对象的特殊形态特点，在拍摄时采用特殊的拍摄角度和手法，将物体以类似曲线般的造型呈现在画面中。曲线构图常用于拍摄风光、道路以及江河湖泊的题材中。在航拍构图手法中，C 形曲线和 S 形曲线运用得比较多。

　　C 形构图是一种曲线形构图手法，拍摄对象类似 C 形，体现一种柔美感、流畅感和流动感，常用来航拍弯曲的建筑、马路、岛屿以及沿海风光等大片。

　　S 形构图是 C 形构图的强化版，常用来表现富有曲线美的景物，如河流、小溪、山路、小径、深夜马路上蜿蜒的路灯或车队等，画面有一种悠远感或物体的漫延感。

　　图 3.6 所示为用 S 形构图方式航拍的道路照片。无人机飞行在道路上空，下方是树林、湖水和道路，整个道路呈 S 形，再加上一白一橙的汽车点缀，整个画面不仅具有延伸感，而且具有亮点，让观众觉得很惊艳。

图3.6　用S形构图方式航拍的道路照片

图3.7所示为在东江湖航拍的风光照片。无人机飞行在湖面周围上空，下方是东江湖沿岸，照片中的沿岸弯弯绕绕，呈现出一种不规则的曲线分布，湖面周围还有轮船和汽车，具有多点构图的效果，再加上绿绿的森林与湛蓝的湖水，色彩也十分丰富，整个画面偏冷色调，给人一种非常壮观的感觉。

图3.7 在东江湖航拍的风光照片

3.2.5 三分线构图

三分线构图是指将画面沿横向或纵向分为3部分。这是一种非常经典的构图方法，也是大师级摄影师偏爱的一种构图方式。将画面一分为三，非常符合人的视觉审美，用这种构图方式拍摄的照片会显得更具美感。常用的三分线构图法有两种：一种是横向三分线构图；另一种是纵向三分线构图。下面进行简单的介绍。

图3.8所示为航拍的一张横向三分线构图的照片，天空占画面上的1/3，城市地景占画面下的2/3，这样可以更好地突出城市的壮阔风光。

图3.8 横向三分线构图的照片

　　图 3.9 所示为在神仙岭航拍的一张纵向三分线构图的照片，风车被置于画面左侧三分线的位置上，整个画面看起来重点突出，色感也令人舒服。

图3.9 纵向三分线构图的照片

3.2.6 水平线构图

水平线构图法就是以一条水平线来进行构图。这种构图方式可以很好地表现出画面的对称性，具有稳定感和平衡感。一般情况下，摄影师在拍摄城市风光或海景风光时，经常使用到的构图手法就是水平线构图法。

图 3.10 所示为航拍的湘江沿岸的风光照片，天空与地景江水各占画面 2/3 左右，展现了秀美的风光，天空中的白云也恰到好处。

图 3.10 湘江沿岸风光照片

3.2.7　横幅全景构图

横幅全景构图是一种广角效果构图形式。全景图这个词最早是由爱尔兰画家罗伯特·巴克提出来的。全景构图的优点：一是画面内容丰富，大而全；二是视觉冲击力很强，极具观赏性价值。

现在的全景照片，一是采用无人机本身自带的全景摄影功能直接拍成的；二是运用无人机进行多张单拍，拍摄完成后通过软件进行后期接片形成。在无人机的拍照模式中，有球形、180°、广角和竖拍 4 种全景模式，如果要拍摄横幅全景照片，那么要选择 180° 的全景模式。

图 3.11 所示为航拍三汊矶大桥的横幅全景照片。这座大桥连接了长沙河西与河东两侧，非常适合用横幅全景构图拍摄；天空中左侧的夕阳很好地装饰着画面，180° 的全景将画面一分为二，天空和地景各占一半，整体非常大气、漂亮，极具震撼力。

图 3.12 所示为祁阳市唐家山油茶基地的横幅全景照。运用 180° 的横幅全景构图可以很好地将整个基地拍摄下来，体现了产业园的宏伟和大气。

图 3.11　航拍三汊矶大桥的横幅全景照片

图 3.12　祁阳市唐家山油茶基地的横幅全景照片

如果是使用无人机拍摄多张照片，然后进行后期接片合成全景照片，那么在拍摄全景照片时，要快且稳，每张照片的拍摄时长最好不要超过 1 分钟（否则全景照片上的事物会有变化，如桥上的车、河中的船等），以期尽量使整个画面简洁而有序，还有取景时保持照片之间有 30% 左右的重叠，以确保全景照片合成的成功率。

3.2.8 竖幅全景构图

竖幅全景构图的特点是狭长，而且可以裁去横向画面中多余的元素，使画面更加整洁，并突出主体。竖幅全景构图给观众一种上下延伸感，它可以将画面上、下两部分的各种元素紧密地联系在一起，从而更好地表达画面主题。

图 3.13 所示为两张竖幅全景照片。前者拍摄的是郴州高椅岭景区，这是一块尚未开发的丹霞地貌景区，这个地方最大的特点就是周边还有漂亮的水洼，水洼点缀之下的画面十分美丽；后者拍摄的是以秀峰山为中心展开的长沙城区照片，照片中的元素众多，画面内容十分丰富。

（a）郴州高椅岭景区　　　　　　　　（b）长沙城区

图 3.13 两张竖幅全景照片

第2部分
飞行拍摄

第 **4** 章

考证必学的飞行动作

上一章中学习了航拍构图取景技巧。本章将介绍一些考证必学的飞行动作，如上升、降落、前进、后退以及环绕飞行等。希望通过本章的学习，各位飞手可以学会和掌握飞行动作要领，成为一名合格的无人机飞行员。

4.1　入门动作

在空中进行复杂的航拍工作之前，首先要学会一些入门级飞行动作。因为复杂的飞行动作也是由一个个简单的飞行动作所组成的。当用户熟练地掌握了这些简单的飞行动作之后，再多加练习，就可以在空中自由掌控无人机的飞行了。

4.1.1　上升飞行

上升飞行是无人机航拍中最基础、初级的飞行动作。上升飞行镜头是从低空升至高空的一个过程，直接展示了航拍的高度魅力。当拍摄风景时，可以从下往上拍摄，全面展示所拍摄对象的全貌，如图 4.1 所示，这样的上升飞行镜头极具魅力。

图4.1　上升飞行镜头

飞行方法：将左操作杆缓慢向上推动，无人机将慢慢上升，拍摄出整个道路全貌。在上升的过程中，读者要注意无人机上方的环境，如果有障碍物要及时规避，最好找一个空旷的地方飞行。

4.1.2 降落飞行

　　降落飞行镜头适合拍摄从大景切换到小景、从全景切换到局部的细节展示。图 4.2 所示为使用降落飞行镜头航拍的风光短视频，无人机一直下降，焦点由大桥转换到路旁的前景上。

图4.2 降落飞行镜头

　　飞行方法：将左操作杆缓慢向下推动，无人机即可慢慢下降。

4.1.3 前进飞行

　　前进飞行镜头是指无人机一直向前飞行运动，这是航拍中最常用的镜头。第一种航拍手法是无目标的向前飞行，主要用来交代影片的环境；第二种是对准目标向前飞行，此时目标由小变大，如图 4.3 所示。无人机向前飞行，画面中的大桥越来越大、越来越清晰。

　　飞行方法：无人机镜头朝向目标主体，用户将遥控器上右侧的操作杆缓慢向上推，无人机即可向前飞行。

图4.3　前进飞行镜头

4.1.4　后退飞行

扫一扫，看视频

　　后退飞行（俗称倒飞）是指无人机向后运动。后退飞行实际上是一种非常危险的飞行动作，因为有些无人机是没有后视避障功能的；或者说在夜晚飞行时，后视避障功能是失效的，这时进行后退飞行就十分危险，因为你不清楚无人机后方是什么情况。

　　后退飞行镜头最大的优势是在后退的过程中不断有新的前景出现，从无到有，所以会给观众一种期待感，增加了镜头的趣味性，如图4.4所示。

图4.4　后退飞行镜头

图4.4（续）

飞行方法：将右操作杆缓慢向下推，无人机即可向后倒退飞行。

4.1.5 向左飞行

　　向左飞行是一种左移镜头，其运动方向与向右飞行的方向刚好相反。在航拍风景时，如果桥的形态很美，也可以采用侧飞镜头的手法进行拍摄。以向左飞行、中景的方式拍摄，画面如同一幅画卷被慢慢展开，展现出了桥的宏伟、大气，如图 4.5 所示。

图4.5 向左飞行镜头

飞行方法：首先将无人机飞至主体对象的一侧，然后向左拨动右操作杆，使无人机向左侧直线飞行。

4.1.6　向右飞行

向右飞行是一种右移镜头，它是指无人机从左侧飞向右侧，由左向右展示画面。图 4.6 所示为以远景的方式从左向右飞行的镜头，展现了美丽的湘江风景。

飞行方法：首先将无人机飞至江面上空，然后向右拨动操作杆，使无人机向右侧沿直线飞行。

图4.6　向右飞行镜头

4.1.7　俯视悬停

俯视航拍中最简单的一种镜头就是俯视悬停镜头。俯视悬停是指将无人机停在固定的位置上，云台相机呈 90°夹角朝下拍摄。俯视悬停镜头一般用来拍摄移动的目标，如马路上的车流、水中的游船以及游泳的人等，拍摄的镜头效果如图 4.7 所示。

俯视悬停镜头是真正的航拍视角，因为镜头完全呈 90°朝下，在拍摄目标的正上方。很多人都把这种航拍镜头称为"上帝视角"镜头。俯视悬停镜头完全不同于其他镜头，因为它视角特殊，相信读者在第一次看到俯视镜头画面时都会惊叹一声，并被空中俯视拍摄的特殊景致所吸引。

飞行方法：在航拍这段俯视镜头时，只需要将无人机上升到一定的高度，然后拨动"云台俯仰"拨轮，实时调节云台的俯仰角度到垂直90°，固定位置后，即可开始拍摄。

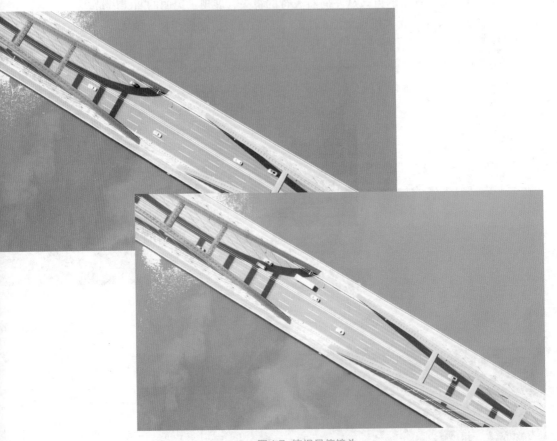

图4.7 俯视悬停镜头

4.2 进阶动作

在4.1节中，进行了7组简单飞行动作的训练。掌握了这些基本的飞行技巧后，接下来需要提升自己的航拍技术，即学习一些更高级的航拍镜头语言，如上升旋转飞行、后退拉高飞行以及环绕飞行等，以助力自己拍出更具吸引力的视频画面。

4.2.1 旋转飞行

旋转飞行（又称为原地转圈飞行）是指当无人机飞到高空后，进行 360° 的原地旋转。图 4.8 所示为一段 360° 旋转飞行镜头，无人机在湘江上空进行旋转飞行拍摄，可以将周围的环境展示得淋漓尽致。

扫一扫，看视频

图4.8 旋转飞行镜头

飞行方法：将无人机上升到一定高度使相机处于平拍角度，向左拨动左操作杆，使无人机向左旋转一周。

4.2.2 上升旋转

扫一扫，看视频

上升旋转是指无人机在上升的同时旋转，让画面具有动感，同时展现更多的画面空间。图 4.9 所示为用上升旋转镜头航拍的画面，使观众产生新奇的视觉体验。

图 4.9 上升旋转镜头

　　飞行方法：将无人机上升到一定高度，相机镜头呈 90° 朝下，向右上方推动左操作杆，无人机上升并旋转。

扫一扫，看视频

4.2.3　后退拉高

　　后退飞行最常见的镜头就是在后退时再拉高飞行，展现目标所在的一个大环境。图 4.10 所示就是以后退拉高镜头手法拍摄的大桥短视频镜头，展现了整体的大环境。

图 4.10 后退拉高镜头

图 4.10（续）

飞行方法：将右操作杆缓慢向下推动，无人机将慢慢后退；同时，将左操作杆缓慢向上推动，无人机将慢慢上升，呈现出后退拉高的画面。

4.2.4　环绕飞行

环绕飞行（也叫"刷锅"）是指围绕某一个物体进行环绕飞行。环绕飞行有向左环绕和向右环绕之分。在环绕飞行之前，最好先找到环绕中心，如高耸的建筑等。图 4.11 所示为以桥上的高耸建筑为环绕中心，进行逆时针环绕飞行的镜头。

扫一扫，看视频

图 4.11　环绕飞行镜头

飞行方法：将右操作杆缓慢向右推动，无人机向右平飞；同时向左推动操作杆，让无人机向右飞行的同时向左逆时针旋转。

> ▶ **注意**
>
> 右手推杆控制无人机向右飞行时，右手推杆量越大，无人机飞行速度越大，环绕的速度就越快；左手推杆控制无人机转向时，左手推杆量越大，无人机转弯越急，环绕的圆半径就越小。

扫一扫，看视频

4.2.5 穿越飞行

穿越飞行是指无人机穿越某栋建筑，拍摄出穿越后的风景，如图 4.12 所示。这样的航拍画面能给人极强的视觉冲击力，画面具有新鲜感。但飞行手法有一定的难度，主要在于无人机与被穿越物体之间的距离不好把握，如果没有一定的飞行经验，容易炸机。

图 4.12 穿越飞行镜头

飞行方法：只需要将右侧的操作杆缓慢向上推，无人机即可向前穿越飞行。在穿越桥梁上的建筑时需要注意的是，把握好无人机与建筑之间的距离，避免发生意外情况。

4.2.6 8字飞行

8字飞行是比较有难度的一种飞行动作。当用户对前面几组飞行动作都已经操作得很熟练了，接下来就可以开始练习8字飞行了。8字飞行会用到左、右操作杆的很多功能，需要左手和右手完美配合。8字飞行的路径如图4.13所示。

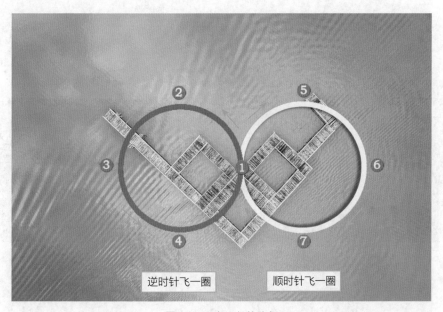

逆时针飞一圈　　顺时针飞一圈

图4.13 8字飞行的路径

飞行方法：根据环绕飞行的飞行动作，逆时针飞行一圈；逆时针飞行完成后，立刻转换方向，通过向右控制左操作杆，向左控制右操作杆，以顺时针的方向飞行另一圈。

▶ 注意

如果用户对本章前面的几组飞行动作都操作得很熟练了，那么8字飞行对其来说还是非常简单的。只要无人机反应足够灵敏，就可以轻而易举地画出8字飞行轨迹。8字飞行轨迹也是无人机飞行考证的重点考试内容，希望用户可以熟练掌握。

4.2.7 上升前推

上升前推镜头适合用来拍摄具有层次感的风景。上升前推是指无人机首先放低角度，然后慢慢上升并前推，展示所要表达的环境，如图4.14所示。

飞行方法：向上推动左操作杆，无人机上升飞行；同时向上推动右操作杆，无人机上升前推飞行，拍摄大环境。

▶ 注意

　　在上升前推时，用户可以通过拨动"云台俯仰"拨轮，调整镜头的俯仰角度，拍摄出理想的画面效果。

图4.14　上升前推镜头

第 **5** 章

高级航拍技术

掌握了无人机的基本操作、起飞和降落要点以及构图取景技巧之后，接下来就需要提升自己的飞行技术，即学习一些更高级的操控技巧以提升无人机的操控技术，掌握更多的飞行技能。本章将介绍9种高级航拍技术，让读者学习到更多的航拍知识。

5.1 俯视航拍技巧

本节主要介绍俯视航拍技巧，因为完全的俯视视角是无人机航拍能轻易实现且是其优势所在。希望读者学好本节内容，熟练掌握无人机的俯视航拍技巧。

5.1.1 俯视向前

扫一扫，看视频

俯视向前是指将镜头调整到与地面垂直呈90°，然后保持沿直线向前飞行，这样的航线在拍摄道路时很有镜头感。

图5.1所示为俯视向前飞行拍摄的车流效果，拍摄时无人机俯视拍摄，并跟随车流前行。在展示高楼大厦时，无人机俯拍可以贴着高楼飞过去，这样的空间压缩感更强。

飞行方法：航拍这段俯视向前的镜头时，只需要将无人机上升到一定的高度，然后拨动"云台俯仰"拨轮，实时调节云台的俯仰角度到垂直90°，然后将右侧的操作杆缓慢向上推，无人机即可俯视向前飞行。

图5.1 俯视向前镜头

图5.1（续）

扫一扫，看视频

5.1.2 俯视旋转

　　道路是比较有线条美感的一种拍摄对象，而且路上的车流、道路两侧的风光都能在一定程度上吸引观众的眼球。通过将无人机镜头调至垂直 90° 朝下，可以俯拍城市中的马路及车流，还可以以旋转镜头来展现出汽车行驶的动感画面，如图 5.2 所示。

图5.2　俯视旋转镜头

飞行方法：拨动遥控器背面的"云台俯仰"拨轮，将镜头垂直向下 90°；左手向左或向右拨动操作杆，控制无人机左转或右转；右手也可以向左或向右拨动操作杆，将无人机的位置向左或向右微调。

5.1.3 俯视旋转下降

俯视旋转下降是指无人机在俯视旋转时，再加上下降的手法，使目标越来越近，显示越来越清晰，如图 5.3 所示。

图 5.3 俯视旋转下降镜头

飞行方法：首先拨动"云台俯仰"拨轮，实时调节云台的俯仰角度到垂直 90°，然后将左操作杆缓慢向下推动，无人机将慢慢下降，呈现出俯视下降的镜头；在左操作杆向下推动的同时，将左操作杆再靠左或靠右推一点，此时无人机将旋转下降，呈现出俯视旋转下降的效果。

> ▶ **注意**
>
> 　　俯视航拍技巧除了俯视向前、俯视旋转、俯视旋转下降，还包含在第 4 章学习过的俯视悬停。除了以上这些俯视航拍技巧，还有俯视拉升和俯视螺旋上升，虽然在本章没有重点展示，但在学会基础的飞行动作之后，相信读者可以举一反三，掌握这些俯视航拍技巧。
>
> 　　"云台俯仰"拨轮可以用来调整相机镜头的俯仰角度，使其垂直 90° 朝下拍摄，还可以使其微微仰拍，操作空间十分大。在飞行时，通过一些飞行动作搭配"云台俯仰"拨轮的角度转换，可以创作出更多精彩的镜头。

5.2　高级拍摄技巧

　　在学习完俯视航拍技巧之后，本节将继续学习高级拍摄技术，包含飞越回转镜头、由近及远环绕、多角度跟随等飞行镜头。学会这些技术，可以让你的航拍水平再上一个台阶。

5.2.1　飞越回转镜头

　　飞越回转镜头是一种高级的航拍技巧，拍摄时无人机朝目标主体飞去，以目标主体为中心，不停地降低相机的角度，最后变为俯视飞过并回转镜头拍摄目标。因为相机在不停地变化角度，画面充满了未知感，所以航拍镜头效果就显得十分有活力。

　　通过转换"云台俯仰"拨轮的角度，就能实现这种效果，画面非常具有吸引力。图 5.4 所示为飞向建筑主体后俯视飞过并回转镜头拍摄的画面效果。

图5.4 飞越回转镜头

图5.4（续）

5.2.2 由近及远环绕

在进行环绕飞行时，用户可以通过操控左、右操作杆，改变无人机与目标之间的距离，拉近或拉远。拉近可以表现目标本身，拉远则表现环境。环绕飞行时还可以改变高度，即在环绕飞行的同时拉升或下降无人机，这样的视频效果就比常规的环绕飞行镜头效果要好看得多。

图5.5所示为一段由近及远环绕（环绕远离）镜头的视频画面。在环绕飞行的过程中，结合了后退拉高的拍法，改变了距离、高度和视角。

图5.5 由近及远环绕拍摄的视频画面

5.2.3 使用变焦功能

变焦镜头是指在航拍的过程中变换焦距，以此得到不同宽窄距离的视角，拍摄出大景别与小景别的对比效果。我们可以借助简单的直线飞行，让取景大小发生连续的变化。

大疆御系列中的变焦版无人机就有变焦功能。在拍摄时，用户可以根据需要切换景别的大小，分别采用远距离拍摄与近距离拍摄，体现视频画面的独特个性。图5.6 所示为采用变焦功能拍摄的不同景别风景视频效果。

图5.6 使用变焦功能拍摄的不同景别风景视频效果

5.2.4 使用摇镜拍摄

摇镜是指当无人机悬停在半空中时，可以通过操控操作杆或云台俯仰角度来实现摇镜的运动效果。当拍摄同一场景时，采用"摇镜"的拍摄方式，可以扩大固定镜头的表现视野，使画面空间展示得更加全面、完整。

图5.7所示为使用摇镜的方式拍摄的海景视频效果画面，这种方式航拍出来的画面比较壮丽和辽阔。

图 5.7 使用摇镜方式拍摄的海景视频效果画面

采用摇镜方式航拍视频时，推杆的速度一定要慢，只需要略微向左或向右拨动操作杆即可，让无人机顺时针或逆时针方向旋转。

5.2.5 多角度跟随

多角度跟随可以更好地展示不同的拍摄视角。在跟拍的过程中切换不同的角度，可以使画面更加生动、形象，更具有吸引力。运动的镜头可以使观众产生代入感，例如在多角度跟随拍摄的过程中，如果再结合环绕跟随镜头，可以更好地突出画面的空间延伸感，使拍摄主体与当时的环境更有关联性。

图 5.8 所示的这段多角度跟随拍摄人物的视频画面，就很好地展示了画面的空间延伸感；这里在跟拍的过程中也采用了环绕跟随镜头，画面更具吸引力。

图5.8 多角度跟随拍摄人物的视频画面

5.2.6 一镜到底拍摄

一镜到底拍摄是指一个连续的长镜头中间没有任何断片。这种航拍方式的拍摄难度较大，但在一些电视剧或者电影中，经常会看到这样的航拍场景。

图 5.9 所示为采用一镜到底拍摄的长沙梅溪湖音乐喷泉，拍摄时无人机需对准拍摄对象，全程不间断地进行航拍。

图5.9　一镜到底拍摄的长沙梅溪湖音乐喷泉

第 **6** 章

一键短片模式

在DJI GO 4 App中有智能飞行模式，用户可以运用这些智能飞行模式一键拍出精彩的视频。本章主要介绍一键短片模式，其包括"渐远""环绕""螺旋""冲天""彗星""小行星"等模式，不同模式拍摄出来的视频效果会有所不同。读者在学会这些模式之后，就可以自由地进行航拍创作了。

6.1 "渐远"模式

"渐远"模式是指无人机以目标为中心逐渐后退及上升飞行。本节主要介绍使用"渐远"模式航拍短视频的操作方法。

6.1.1 设置距离

在飞行之前，可以手动设置渐远飞行的距离，下面介绍具体操作方法。

步骤 01 在 DJI GO 4 App 飞行界面中，点击左侧的"智能模式"按钮，在弹出的界面中选择"一键短片"选项，如图 6.1 所示。

图 6.1 选择"一键短片"选项

步骤 02 进入相应的界面，下方提供了 6 种飞行模式，选择"渐远"模式，如图 6.2 所示。

图 6.2 选择"渐远"模式

步骤 03 默认设置"距离"参数为40m，如图6.3所示。在设置飞行距离时，最大可以将其设置为120m。

图6.3 默认设置"距离"参数为40m

6.1.2 框选目标

当设置好渐远飞行的距离后，接下来根据界面提示，在屏幕中选择目标，无人机将以目标点为中心渐远飞行。下面介绍具体操作方法。

步骤 01 在屏幕中点击目标，如图6.4所示，被框选的区域呈浅绿色显示。

图6.4 在屏幕中点击目标

步骤 02 选择主体对象之后，再点击屏幕中的GO按钮，如图6.5所示。

步骤 03 执行操作后，无人机进行后退和拉高，即可使用"渐远"模式一键拍摄短片，效果如图6.6所示。

图6.5 点击屏幕中的GO按钮

图6.6 使用"渐远"模式拍摄的视频效果

6.2 "环绕"模式

扫一扫，看视频

"环绕"模式是指无人机将围绕目标对象环绕飞行。本节主要介绍使用"环绕"模式航拍短视频的操作方法。

步骤 01 在 DJI GO 4 App 飞行界面中，点击左侧的"智能模式"按钮 ；在弹出的界面中选择"一键短片"选项，如图 6.7 所示。

步骤 02 进入相应的界面，选择"环绕"模式，如图 6.8 所示。

图6.7 选择"一键短片"选项

图6.8 选择"环绕"模式

▶ **注意**

在"环绕"模式下可以选择顺时针环绕或逆时针环绕。

步骤 03 在屏幕中框选目标点，并在屏幕中点击 GO 按钮，如图 6.9 所示。

图6.9　点击GO按钮

步骤 04 无人机开始进行环绕飞行，效果如图 6.10 所示。

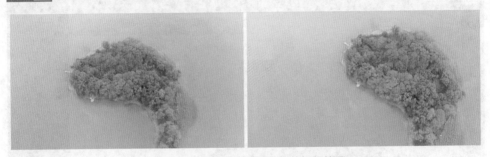

图6.10　使用"环绕"模式拍摄的视频效果

6.3 "螺旋"模式

扫一扫，看视频

　　"螺旋"模式是指无人机围绕目标对象旋转飞行一圈之后，逐渐拉升一段距离。下面介绍使用"螺旋"模式航拍短视频的操作方法。

步骤 01 在智能模式界面中选择"一键短片"选项，并在弹出的界面中选择"螺旋"模式，如图 6.11 所示。

步骤 02 在屏幕中点击或框选目标，并点击GO按钮，无人机即可开始进行螺旋飞行，如图 6.12 所示。

步骤 03 无人机围绕目标对象旋转飞行一周之后，最后会微微拉升一段距离，效果如图 6.13 所示。

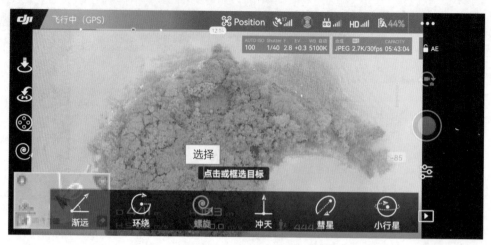

图6.11 选择"螺旋"模式

图6.12 点击GO按钮

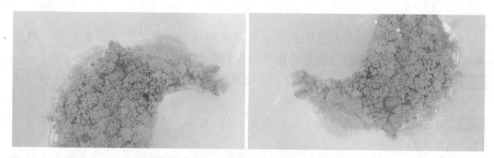

图6.13 使用"螺旋"模式拍摄的视频效果

6.4 "冲天"模式

"冲天"模式是指在拍摄时框选目标对象后，无人机的云台相机将垂直 90° 俯视目标对象，然后垂直上升，离目标对象越飞越远。下面介绍使用"冲天"模式航拍短视频的具体操作方法。

步骤 01 进入"一键短片"模式，选择"冲天"模式，如图 6.14 所示。

图 6.14　选择"冲天"模式

步骤 02 默认"距离"参数为 40m，在屏幕中框选目标，并点击 GO 按钮，如图 6.15 所示。

图 6.15　点击 GO 按钮

步骤 03 无人机即可开始进行冲天飞行，效果如图 6.16 所示。在飞行 40m 左右的距离之后，无人机就会停止冲天飞行。

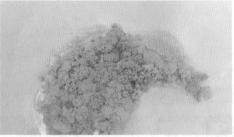

图 6.16 使用"冲天"模式拍摄的视频效果

▶ 注意

在用"冲天"模式拍摄之前，根据目标对象的大小，需要设置飞行"距离"参数，参数越大，无人机冲天的距离越长，目标对象也会越来越小；参数越小，无人机飞行的距离就越短，目标对象的大小变化也不会很明显。

扫一扫，看视频

6.5 "彗星"模式

"彗星"模式是指在拍摄时，无人机将以椭圆的轨迹飞行，环绕到目标对象的后面并飞回起点。下面介绍使用"彗星"模式航拍短视频的操作方法。

步骤 01 在智能模式界面中选择"一键短片"选项，并在弹出的界面中选择"彗星"模式，如图 6.17 所示。

图 6.17 选择"彗星"模式

步骤 02 无人机的默认环绕方向为"逆时针",在屏幕中框选目标,并点击GO按钮,如图6.18所示。

图6.18 点击GO按钮

步骤 03 无人机即可开始进行环绕飞行,最后飞回到起点,效果如图6.19所示。

图6.19 使用"彗星"模式拍摄的视频效果

6.6 "小行星"模式

扫一扫,看视频

"小行星"模式是指在拍摄时,可以完成一个从局部到全景的漫游小视频,效果非常吸人眼球。下面介绍使用"小行星"模式航拍短视频的操作方法。

步骤 01 进入"一键短片"模式,❶选择"小行星"模式;❷在屏幕中框选目标并点击GO按钮,如图6.20所示。

图6.20 点击GO按钮

步骤 02 执行操作后，即可使用"小行星"模式拍摄一键短片，效果如图6.21所示。

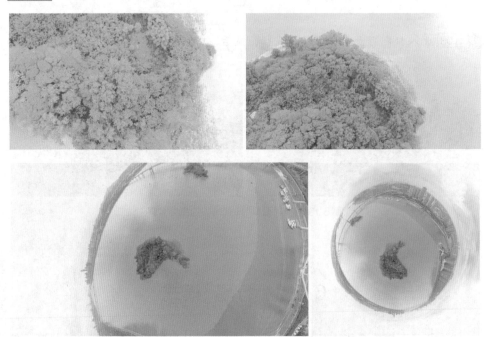

图6.21 使用"小行星"模式拍摄的视频效果

第 7 章

智能跟随模式

在DJI GO 4 App中的智能跟随模式中有3种不同风格的智能跟随模式。当拍摄移动的物体时，智能跟随模式可以实现无人机的全程跟拍，还有多种跟随设置，让跟随的视频效果更加有趣。本章将介绍"普通""平行"和"锁定"这3种智能跟随模式的用法，帮助读者学会更多的拍摄技能。

7.1 "普通"模式

在"普通"模式下，用户可以向左或向右旋转航拍目标对象；在拍摄之前，首先需要锁定目标，然后才能进行设置，让无人机围绕目标进行旋转飞行。

7.1.1 向右旋转

向右旋转的跟随模式可以让无人机在跟随人物时，向右旋转相应的角度拍摄，例如，使无人机从人物的侧面飞到人物的正前方，以拍摄不同角度下的目标主体，具体操作步骤如下。

步骤 01 在 DJI GO 4 App 飞行界面中，点击左侧的"智能模式"按钮，在弹出的界面中选择"智能跟随"选项，如图 7.1 所示。

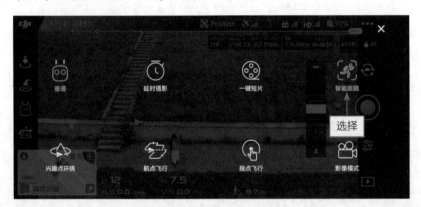

图7.1 选择"智能跟随"选项

步骤 02 在弹出的对话框中点击"好的"，如图 7.2 所示。

图7.2 点击"好的"

步骤 03 进入"智能跟随"模式，下方提供了 3 种飞行模式。选择"普通"模式，如图 7.3 所示。

图7.3 选择"普通"模式

步骤 04 进入"普通"模式拍摄界面，点击画面中的人物，设定跟随目标，此时屏幕中锁定了目标对象，并显示一个控制条，中间显示了一个圆形的控制按钮，用户可以向左或向右滑动，调整无人机的拍摄方向，如图 7.4 所示。

图7.4 点击人物目标

步骤 05 向右滑动控制按钮，如图 7.5 所示，使无人机向右旋转。

步骤 06 此时，无人机将向右旋转并环绕人物飞行，始终将人物目标放在画面的正中间，如图 7.6 所示。

> ▶ 注意
>
> 在设置旋转跟随模式时，一定要确保周围环境是否安全，尽量在开阔的环境中飞行拍摄。如果遇到紧急状况，那么用户可以按急停按钮使无人机停止拍摄。

图7.5 向右滑动控制按钮

图7.6 无人机向右旋转并环绕人物飞行

▶ 注意

　　在用无人机进行跟随拍摄时，首先需要将无人机上升至合适的高度。例如，如果跟随散步的人物，可以稍微降低一点高度；如果跟随车辆或者其他高速运动的物体，那么可以将无人机上升至高空中，这样可以保证一定的安全距离。

7.1.2　向左旋转

　　向左旋转的跟随模式可以使无人机在跟随人物时，向左旋转相应的角度拍摄。向左旋转与向右旋转的操作刚好相反。

步骤 01 在"普通"模式拍摄界面中向左滑动控制按钮，如图7.7所示。

步骤 02 无人机将向左旋转并环绕人物飞行，如图7.8所示。

图 7.7 向左滑动控制按钮

图 7.8 无人机向左旋转并环绕人物飞行

7.2 "平行"模式

在"平行"模式下,无人机与目标对象之间将保持平行,根据目标对象前进的方向,无人机将与目标对象进行平行飞行。

7.2.1 跟随人物

扫一扫,看视频

无人机不仅可以在人物的后面跟随飞行,还可以在人物的两侧进行平行跟随飞行。下面介绍无人机平行跟随人物飞行的操作方法。

步骤 01 进入"智能跟随"模式,❶选择"平行"模式;❷在屏幕中点击人物目标,如图 7.9 所示。

图7.9 点击人物目标

步骤 02 执行操作后，此时人物向右侧行走，如图7.10所示。

图7.10 人物向右侧行走

步骤 03 无人机将平行跟随人物目标一段距离，如图7.11所示。

图7.11 无人机将平行跟随人物目标一段距离

扫一扫，看视频

7.2.2 跟随轮船

在使用"平行"跟随模式拍摄时，无人机不仅可以平行跟随人物目标，还可以平行跟随轮船，让视频内容更加有新意。下面介绍具体的操作方法。

步骤 01 进入"智能跟随"飞行模式，❶选择"平行"模式；❷在屏幕中点击并锁定轮船目标，如图 7.12 所示。

图 7.12 在屏幕中点击并锁定轮船目标

步骤 02 无人机将锁定以向左前行的轮船为目标，如图 7.13 所示。

图 7.13 无人机锁定轮船目标

步骤 03 无人机平行跟随轮船向左前行，在跟随的过程中，无人机也会微微自动调整其俯仰角度和高度，如图 7.14 所示。除了从目标对象的侧面平行跟随，无人机还可以从目标对象的正面平行跟随。无人机在后退跟随的过程中，还会与目标对象保持一定的距离。

图7.14 平行跟随轮船向左前行

> ▶ 注意

　　本节以人物、轮船为案例来讲解"智能跟随"的拍摄方法，读者还可以用同样的飞行手法来拍摄移动的汽车等对象。

扫一扫，看视频

7.3 "锁定"模式

　　当使用"锁定"智能跟随模式时，无人机将锁定目标对象，无论无人机向哪个方向飞行，云台镜头都会一直锁定目标对象。

　　在"锁定"模式下，如果用户没有推杆，那么无人机将固定位置不动，但云台镜头会紧紧锁定、跟踪目标，具体操作方法如下。

步骤 01 进入"智能跟随"模式，选择"锁定"模式，如图7.15所示。

图7.15 选择"锁定"模式

步骤 02 在屏幕中点击人物，无人机会自动锁定人物目标，如图 7.16 所示。

图 7.16　无人机会自动锁定人物目标

步骤 03 此时，人物主体不管朝哪个方向行走，无人机的镜头会一直锁定人物目标。在不推杆的情况下，无人机保持不动，仅调整其镜头的角度，如图 7.17 所示。

图 7.17　无人机的镜头会一直锁定人物目标

▶ 注意

　　在"智能跟随"模式下，无人机不能向左或向右旋转镜头。如果左手向左或向右推动操作杆，无人机也不会有任何反应。

第 **8** 章

指点飞行模式

DJI GO 4 App 中的指点飞行模式有 3 种，分别为"正向指点""反向指点"和"自由朝向指点"。"正向指点"主要是让无人机朝着目标点前进飞行；"反向指点"则是指无人机朝着目标点后退飞行；"自由朝向指点"则是在飞行过程中可以改变目标点，无人机也将改变航线，再朝着目标点前进飞行。

8.1 "正向指点"模式

"正向指点"模式是指无人机朝所选目标点的位置前进飞行，离目标对象会越来越近，具体操作步骤如下。

步骤 01 在 DJI GO 4 App 飞行界面中点击左侧的"智能模式"按钮，在弹出的界面中选择"指点飞行"选项，如图 8.1 所示。

图 8.1 选择"指点飞行"选项

步骤 02 在弹出的对话框中点击"好的"，如图 8.2 所示。

图 8.2 点击"好的"按钮

步骤 03 进入"指点飞行"模式，下方提供了 3 种飞行模式，选择"正向指点"模式，默认飞行速度为 2.0m/s，如图 8.3 所示。

步骤 04 转动相机镜头选择方向，点击屏幕的目标点，即可出现一个浅绿色的 GO 按钮，如图 8.4 所示。

图8.3 选择"正向指点"模式

图8.4 出现一个浅绿色的GO按钮

步骤 05 点击 GO 按钮，无人机即可向前飞行一段距离，如图 8.5 所示。

图8.5 无人机向前飞行一段距离

8.2 "反向指点"模式

"反向指点"模式是指无人机朝所选目标的方向进行倒退飞行，后视视觉系统正常工作，具体操作步骤如下。

步骤 01 在 DJI GO 4 App 飞行界面中进入"指点飞行"模式，选择"反向指点"模式，如图 8.6 所示。

图 8.6 选择"反向指点"模式

步骤 02 在弹出的对话框中点击"好的"，如图 8.7 所示。

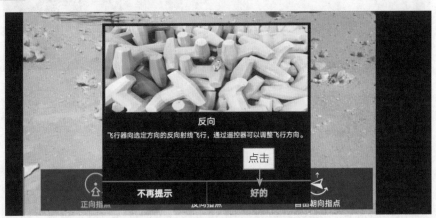

图 8.7 点击"好的"按钮

> ▶ 注意
>
> 无人机在"反向指点"模式下飞行的过程中，如果云台镜头锁定的目标位置有变化，此时用户可以手动拖曳屏幕中的目标锁定框，调整目标位置。

步骤 03 点击屏幕的目标点，即可出现一个浅绿色的 GO 按钮，如图 8.8 所示。

图 8.8 出现一个浅绿色的 GO 按钮

步骤 04 点击 GO 按钮，无人机即可向后倒退拉升飞行一段距离，如图 8.9 所示。

图 8.9 无人机向后倒退拉升飞行一段距离

扫一扫，看视频

8.3 "自由朝向指点"模式

"自由朝向指点"模式是指无人机在朝所选目标前进飞行时，用户可以通过调整镜头的朝向和构图来改变无人机的飞行方向，具体操作方法如下。

步骤 01 在 DJI GO 4 App 飞行界面中点击左侧的"智能模式"按钮 🎮，在弹出的界面中选择"指点飞行"选项，如图 8.10 所示。

步骤 02 进入"指点飞行"模式，选择"自由朝向指点"模式，默认飞行速度为 2.6m/s，如图 8.11 所示。

图 8.10 选择"指点飞行"选项

图 8.11 选择"自由朝向指点"模式

步骤 03 点击屏幕的目标点，即可出现一个浅绿色的 GO 按钮。如图 8.12 所示，点击 GO 按钮，无人机即可向前飞行。

图 8.12 点击 GO 按钮

步骤 04 在飞行过程中，可以向右推动左侧的操作杆，转换无人机镜头方向，如图 8.13 所示。

图 8.13 转换无人机镜头方向

步骤 05 点击另一个目标点，无人机会换方向前进飞行，如图 8.14 所示。

图 8.14 无人机换方向前进飞行

步骤 06 再次转换方向和目标点，无人机将向前飞行一段距离，如图 8.15 所示。

图 8.15 无人机将向前飞行一段距离

第**9**章

兴趣点环绕模式

DJI GO 4 App中的兴趣点环绕模式是指无人机围绕用户设定的兴趣点进行旋转拍摄，无人机可以进行顺时针环绕或者逆时针环绕，这样可以全方面地展示兴趣点目标对象，以帮助观众从不同的角度欣赏美景。本章主要介绍兴趣点环绕模式，以帮助用户拍出理想的摄影作品。

9.1 设置环绕参数

本节主要介绍如何设置兴趣点环绕模式的参数，帮助用户学会环绕飞行拍摄。

9.1.1 框选兴趣点

使用"兴趣点环绕"模式时，首先需要在画面中框选兴趣点，即目标对象。下面介绍具体操作方法。

步骤 01 在 DJI GO 4 App 飞行界面中，点击左侧的"智能模式"按钮，在弹出的界面中选择"兴趣点环绕"选项，如图 9.1 所示。

图9.1 选择"兴趣点环绕"选项

步骤 02 进入"兴趣点环绕"模式，在界面中用手指对着目标对象拖曳绘制一个方框，设定兴趣点环绕，如图 9.2 所示。

图9.2 设定兴趣点环绕

步骤 03 此时，浅绿色的方框中显示 GO 按钮，点击 GO 按钮，如图 9.3 所示。

图9.3 点击GO按钮

步骤 04 界面中弹出"目标位置测算中，请勿操作飞行器"的提示，如图 9.4 所示。

图9.4 弹出相应提示（1）

步骤 05 待测算完成后，界面中弹出"测算完成，开始任务"的提示，如图 9.5 所示。

图9.5 弹出相应提示（2）

9.1.2 设置飞行半径

当界面中弹出"测算完成，开始任务"的提示信息后，点击下方的"半径"数值，即可弹出滑动条，这里设置的环绕半径是 22.3m，如图 9.6 所示。向左或向右拖曳滑块，可以设置环绕飞行的半径大小。

图 9.6 点击"半径"数值

9.1.3 设置飞行高度

在"兴趣点环绕"模式下，点击下方的"高度"数值，即可弹出滑动条，这里设置的环绕高度是 13.8m，如图 9.7 所示。向左或向右拖曳滑块，可以设置环绕飞行的高度参数。在飞行时可以根据需要调整高度。

图 9.7 点击"高度"数值

9.1.4 设置飞行速度

在"兴趣点环绕"模式下，点击下方的"速度"数值，即可弹出滑动条，这里设置的速度为 -1.7m/s，如图 9.8 所示。向左或向右拖曳滑块，可以设置环绕飞行的速度。

图 9.8 点击"速度"数值

9.2 兴趣点环绕方向

围绕主体目标进行环绕飞行时，包含两种环绕方向：一种是顺时针环绕；另一种是逆时针环绕。本节主要介绍这两种环绕飞行。

9.2.1 顺时针环绕

在飞行界面下方点击"顺时针"按钮 ，让无人机进行顺时针环绕飞行，如图 9.9 所示。

图 9.9 点击"顺时针"按钮

图 9.10 所示为无人机以顺时针方向环绕目标对象飞行一周的画面。在飞行过程中，无人机的环绕高度变为了 17.9m。

图 9.10 以顺时针方向环绕飞行的画面

扫一扫，看视频

9.2.2 逆时针环绕

在设置好环绕飞行的兴趣点、半径、高度以及速度等参数后，设置逆时针环绕方式 ，再点击 GO 按钮，无人机即可逆时针环绕目标对象飞行一周。在飞行的过程中点击"录制"按钮 ，就可以录制视频画面，如图 9.11 所示。

图 9.11 点击"录制"按钮

> ▶ 注意

无人机在环绕飞行时处于侧飞状态，所以用户需要时刻观察侧面有无障碍物，避免炸机。

逆时针环绕飞行拍摄的视频效果如图 9.12 所示。

图9.12 逆时针环绕飞行拍摄的视频效果

第 **10** 章

延时与全景拍摄

无人机的延时拍摄功能是无人机航拍中一个巨大的亮点。掌握这项功能，可以让你的无人机航拍水平再上升一个阶段。无人机在高空中所能拍摄到的风景也是极为广阔的，所以全景拍照模式也是飞手们必学的航拍技能。本章将介绍无人机的 4 种延时拍摄法和 4 种全景照片的拍摄法。

10.1　航拍延时前的准备

延时摄影能够将时间大量压缩，如将几个小时中拍摄的画面通过串联或者是抽掉帧数的方式压缩，缩短时间播放，在视觉上给人震撼感。

如今，大疆生产的大部分无人机已经内置了延时拍摄功能。利用该功能，新手也可以轻松拍摄出电影级延时摄影大片。本节主要介绍航拍延时的相关注意事项，以做好航拍延时前的准备。

10.1.1　拍摄要点

航拍延时的最终效果是"浓缩"的视频，它具有以下特点。

（1）航拍延时可以压缩时间。它可以把航拍的 20min 时间画面在 10s 内，甚至是 5s 内播放完毕，展现时间的飞逝。

（2）航拍延时时，推荐读者以照片的形式进行拍摄，然后通过后期处理合成视频。照片所需的空间容量要比记录 20min 的视频所需的空间容量小很多，同时也为后期处理提供了空间。

（3）航拍延时的画质高，夜景可以延长至 1s 快门速度拍摄，噪点得以轻松控制。

（4）航拍延时可以长曝光，快门速度达到 1s 后，车子的车灯和尾灯就会形成光轨。

（5）航拍延时时，用户可以选择拍摄 DNG 格式的原片，后期调整空间大，相当于保留了一个可以媲美悟 2 DNG 序列的高品质的航拍镜头。

对于航拍延时的拍摄要点，在这里总结了以下一些经验技巧。

（1）飞行高度一定要尽量高。距拍摄物体有一定距离后，可以在一定程度忽略无人机带来的飞行误差。

（2）一定要采用边飞边拍的智能飞行模式拍摄。自动飞行远比停下来拍摄要稳定，也比手动操作稳定。

（3）飞行速度一定要慢：一是为了确保无人机在相对稳定的速度下拍摄，使画面不至于模糊不清；二是因为航拍延时要拍摄几分钟左右的时间，只有很慢的速度才能使最终的视频播放速度恰当。例如，拍摄一段旋转下降的延时视频，如果飞行速度太快，那么旋转的速度就会很快，最终的视频画面会让人看得头晕。

（4）拍摄间隔越短越好。建议读者在拍摄时，最好设置 2s 的拍摄间隔，也不要通过手动按快门的方式拍摄。

（5）避免前景过近，后景层次太多。无人机毕竟有误差，前景过近和后景层次太多都会影响后期的画面稳定性，无法修正视频抖动的情况。

（6）要熟悉无人机最慢可以接受的慢门速度。根据测试以 1.6s 的快门速度延时拍摄，清晰度就会急剧下降，因此建议快门速度控制在 1s 左右为佳。

10.1.2 准备工作

延时拍摄需要耗费大量的时间成本，有时候需要好几个小时才能拍出一段理想的片子。如果你不想自己拍出来的是废片，那么事先做好充足的准备，才能更好地提高出片效率。下面介绍几点延时航拍前的准备工作。

（1）存储卡（SD 卡）在延时拍摄中很重要。在连续拍摄的过程中，如果 SD 卡存在缓存问题，就很容易导致画面卡顿，甚至漏拍。在拍摄前，最好准备一张大容量、高传输速率的 SD 卡。

（2）设置好拍摄参数。推荐读者使用 M 挡拍摄，这样你可以在拍摄过程中根据光线变化调整光圈、快门速度和 ISO。

（3）建议打开保存原片设置。保存原片会给后期调整带来更多的空间，也可以制作出 4K 分辨率的延时视频效果。

（4）白天拍摄延时时，建议配备 ND64 滤镜，降低快门速度为 1/8，以实现延时视频比较自然的动感模糊效果。

（5）建议用户采用手动对焦。对准目标，自动对焦完毕后，切换至手动对焦模式，以避免拍摄过程中焦点漂移导致拍摄出来的画面不清晰。

10.1.3 保存 RAW 格式

在航拍延时时，一定要保存延时摄影的原片，否则无人机在拍摄完成后，只会合成一个 1080p 的延时视频，这个视频像素满足不了我们的需求。只有保存了原片，后期调整空间才会更大，制作出来的延时效果才会更好看。

下面介绍保存 RAW 格式原片的操作方法，具体操作步骤如下。

步骤 01 在飞行界面中，❶点击右侧的"调整参数"按钮 ⚙，进入相应界面；❷点击右上方的"设置"按钮 ⚙，如图 10.1 所示，进入相机设置界面。

步骤 02 ❶点击"保存延时摄影原片"右侧的开关按钮，打开该功能；❷在下方点击 RAW 格式，如图 10.2 所示，即可完成 RAW 原片的设置。

> ▶ 注意
>
> RAW 原片的后期处理空间很大，拍摄完成的 RAW 原片可以在 Photoshop 或者 Lightroom 软件中进行批量调色与处理，使视频画面的效果更加符合用户的需求。

图10.1　点击"设置"按钮

图10.2　点击RAW格式

10.1.4　了解延时模式

建议新手用户在开始学习航拍延时时，可以先从无人机内置的延时功能开始学习，后续再根据拍摄需求增加自定义拍摄方法。进入"延时摄影"模式的操作方法如下。

步骤 01　在 DJI GO 4 App 飞行界面中，点击左侧的"智能模式"按钮，在弹出的界面中选择"延时摄影"选项，如图 10.3 所示。

步骤 02　进入"延时摄影"模式，下方提供了4种延时摄影模式，有"自由延时""环绕延时""定向延时"和"轨迹延时"，如图 10.4 所示。读者可以根据需要，选择相应的模式进行拍摄。每一种延时摄影模式都有不同的功能，将在 10.2 节中进行详细介绍。

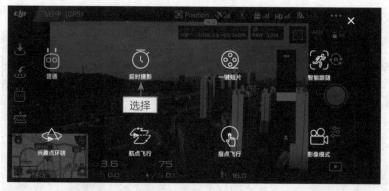

图10.3 选择"延时摄影"选项

图10.4 进入"延时摄影"模式

10.2 4种延时模式的拍法

目前大疆无人机包含4种延时模式，选择相应的延时拍摄模式后，无人机将在设定的时间内自动拍摄一定数量的照片，并生成延时视频。下面主要介绍"延时摄影"的4种模式，以及使用各模式航摄短视频的操作方法。

10.2.1 自由延时

扫一扫，看视频

在"自由延时"模式下，用户可以手动控制无人机的飞行方向、朝向、高度和摄像头俯仰。用户还可以按遥控器背后的C1键或C2键，记忆当前的方向和速度，让无人机以记录的杆量飞行拍摄。下面介绍"自由延时"模式的最基本拍法。

步骤01 点击"智能模式"按钮，在弹出的界面中选择"延时摄影"选项，如图10.5所示。

图10.5　选择"延时摄影"选项

步骤 02　进入"延时摄影"模式，选择"自由延时"模式，如图 10.6 所示。

图10.6　选择"自由延时"模式

步骤 03　设置默认的拍摄间隔、视频时长和最大速度，点击 GO 按钮，如图 10.7 所示。

图10.7　点击 GO 按钮

步骤 04 照片拍摄完成后，弹出"正在合成视频"的提示，如图 10.8 所示。

图 10.8 弹出"正在合成视频"提示

步骤 05 待合成视频完成后，弹出"视频合成完毕"的提示，如图 10.9 所示。

图 10.9 弹出"视频合成完毕"提示

步骤 06 欣赏拍摄好的自由延时视频，该视频主要记录了车流的变化，效果如图 10.10 所示。

图 10.10 航拍的自由延时视频画面

扫一扫，看视频

10.2.2 环绕延时

在"环绕延时"模式中，无人机可以自动根据框选的目标计算环绕中心点和环绕半径，然后用户可以选择顺时针或者逆时针进行环绕延时拍摄。

在选择环绕目标对象时，尽量选择位置上没有明显变化的物体对象。下面介绍"环绕延时"模式的具体拍法。

步骤 01　点击"智能模式"按钮📷，在弹出的界面中选择"延时摄影"选项，在"延时摄影"模式中选择"环绕延时"模式，如图 10.11 所示。

图 10.11　选择"环绕延时"模式

步骤 02　显示默认的拍摄间隔和视频时长，点击"速度"数值，如图 10.12 所示。

图 10.12　点击"速度"数值

步骤 03　❶设置"环绕速度"为 2.0m/s；❷点击✅按钮，如图 10.13 所示。

步骤 04　默认设置逆时针环绕方向，❶框选环绕中心；❷点击 GO 按钮，如图 10.14 所示。

图10.13 点击相应的按钮

图10.14 点击GO按钮

步骤 05 界面中弹出"目标位置测算中，请勿操作飞行器"的提示，如图10.15所示。

图10.15 弹出相应的提示

步骤 06 测算完成后，无人机开始环绕飞行并拍摄序列照片，如图 10.16 所示。拍摄完成后，无人机会自动合成延时视频。

图 10.16　无人机开始环绕飞行并拍摄序列照片

步骤 07 欣赏拍摄好的环绕延时视频，该视频记录了大桥夜景的变化，效果如图 10.17 所示。

图 10.17　航拍的环绕延时视频画面

扫一扫，看视频

10.2.3 定向延时

"定向延时"模式通常应用于拍摄直线飞行的移动延时，并且可以利用该模式拍摄甩尾效果的视频。在"定向延时"模式下，一般根据当前无人机的朝向设定飞行方向。如果不修改无人机的镜头朝向，无人机则向前飞行。下面介绍"定向延时"模式的具体拍法。

步骤 01 点击"智能模式"按钮，在弹出的界面中选择"延时摄影"选项，在"延时摄影"模式中选择"定向延时"模式，如图 10.18 所示。

图 10.18 选择"定向延时"模式

步骤 02 显示默认的拍摄间隔，点击"视频时长"数值，如图 10.19 所示。

图 10.19 点击"视频时长"数值

步骤 03 这里有 2、3、5、8、10 等时长选项，默认选择 5 选项，并点击 ✓ 按钮，如图 10.20 所示。

步骤 04 点击"速度"数值，❶设置"定向飞行速度"为 2.0m/s；❷点击 ✓ 按钮，如图 10.21 所示。

图 10.20　点击相应按钮（1）

图 10.21　点击相应按钮（2）

步骤 05　点击"锁定航向"按钮，锁定航向，如图 10.22 所示。

图 10.22　锁定航向

步骤 06　❶框选目标中心；❷点击 GO 按钮，如图 10.23 所示。

图10.23 点击GO按钮

步骤 07 无人机前行时，镜头会自动对准目标点，使其在画面中间的位置，如图10.24所示。

图10.24 镜头会自动对准目标点

步骤 08 拍摄完成后，无人机会自动合成延时视频，如图10.25所示。

图10.25 无人机会自动合成延时视频

步骤 09 欣赏拍摄好的定向延时视频，它也是一段甩尾延时视频，效果如图 10.26 所示。

图 10.26　航拍的定向延时视频画面

扫一扫，看视频

10.2.4　轨迹延时

使用"轨迹延时"拍摄模式时，可以设置多个航点，主要包括设置画面的起幅和落幅。在拍摄之前，用户需要提前让无人机沿着航线飞行，到达所需的高度，设定朝向后添加航点，记录无人机高度、朝向和摄像头角度。全部航点设置完毕后，可以按正序或倒序的方式拍摄轨迹延时。下面介绍"轨迹延时"模式的具体拍法。

步骤 01　点击"智能模式"按钮，在弹出的界面中选择"延时摄影"选项，在"延时摄影"模式中选择"轨迹延时"模式，如图 10.27 所示。

图 10.27　选择"轨迹延时"模式

步骤 02　在弹出的对话框中点击"好的"，如图 10.28 所示。

图 10.28　点击"好的"

步骤 03　点击 ⊕ 按钮，设置无人机轨迹飞行的起幅点，如图 10.29 所示。

图10.29　点击相应按钮（1）

步骤 04　向左侧飞行一段距离，点击 ⊕ 按钮，继续添加轨迹点，如图 10.30 所示。

图10.30　点击相应按钮（2）

步骤 05　再向左侧飞行一段距离，点击 ⊕ 按钮，添加落幅点，如图 10.31 所示。

图10.31　点击相应按钮（3）

步骤 06　❶设置"递序"方式；❷点击"保存"按钮，如图 10.32 所示。

图10.32 点击"保存"按钮

步骤 07 在弹出的窗口中点击"保存"按钮，保存设定好的轨迹；再点击 GO 按钮，如图 10.33 所示。

图10.33 点击 GO 按钮

步骤 08 无人机沿着轨迹递序飞行拍摄，飞行到合适的位置之后，点击 ✕ 按钮停止拍摄，如图 10.34 所示。此时，无人机会自动合成延时视频，但前提是拍摄到了足量的延时照片。

图10.34 点击相应按钮（4）

步骤 09 欣赏拍摄好的轨迹延时视频，效果如图 10.35 所示。

图 10.35 航拍的轨迹延时视频画面

10.3 拍摄全景照片

"全景摄影"就是将所拍摄的多张图片拼接合成为一张全景图片。随着无人机技术的不断发展，我们可以通过无人机轻松拍摄出全景照片，在电脑中进行后期拼接也十分方便。只要把握拍摄要点，就能拍摄和制作出全景照片作品。本节主要介绍拍摄全景照片的方法。

10.3.1 球形全景

球形全景是指无人机自动拍摄 26 张照片，然后进行自动拼接而成的全景照片。拍摄完成后，用户在查看照片效果时，可以点击球形照片的任意位置，相机将自动缩放到该区域的局部细节。这是一张动态的全景照片。图 10.36 所示为使用无人机拍摄的球形全景照片效果。

图 10.36 球形全景照片效果

下面介绍球形全景照片的具体拍法。

步骤 01 ❶在飞行界面中点击"调整参数"按钮 ，进入相应界面；❷点击 按钮，切换至相应的界面；❸选择"拍照模式"选项，如图 10.37 所示。

图 10.37 选择"拍照模式"选项

步骤 02 展开"全景"选项区，默认选择"球形"模式，如图 10.38 所示。

图10.38　选择"球形"模式

步骤 03　❶点击"拍摄"按钮◉拍摄照片，等待无人机拍摄了一定数量的照片后，会自动合成全景照片；等合成完成后，❷弹出"全景拍摄成功"的提示，如图10.39所示。

图10.39　弹出"全景拍摄成功"的提示

扫一扫，看视频

10.3.2　180°全景

　　180°全景是指 21 张照片的拼接效果，其画面以地平线为中心线，天空和地景各占照片的二分之一。图 10.40 所示为使用无人机拍摄的 180°全景照片效果。

图10.40　180°全景照片效果

进入"拍照模式"界面，❶展开"全景"选项区；❷选择"180°"模式；❸点击"拍摄"按钮，如图10.41所示，即可拍摄并合成180°全景照片。

图10.41 点击"拍摄"按钮

扫一扫，看视频

10.3.3 广角全景

无人机中的广角全景是指9张照片的拼接效果，拼接出来的照片尺寸为4:3，其画面同样是以地平线为上下中心分割线进行拍摄的。图10.42所示为在湘江上空使用广角全景模式航拍的夜景效果。

> ▶ 注意
>
> 在拍摄全景照片时，先选定主体对象，然后对画面进行构图，再拍摄。

图10.42 广角全景照片效果

进入"拍照模式"界面，❶展开"全景"选项区；❷选择"广角"模式；❸点击"拍摄"按钮，如图10.43所示，即可拍摄并合成广角全景照片。

图10.43　点击"拍摄"按钮

扫一扫，看视频

10.3.4　竖拍全景

无人机中的竖拍全景是指 3 张照片的拼接效果。什么时候才适合用竖拍全景构图呢？一是拍摄的对象具有竖向的狭长性或线条性，二是展现天空的纵深及里面有合适的点睛对象。

图 10.44 所示为使用竖拍全景模式航拍城市的照片。前者夜景画面中的道路具有狭长性的特点，并用慢门拍摄，夜景车流变成了光轨；而后者高楼下的树木有着近大远小的透视关系，极具视觉冲击力。

图10.44　竖拍全景照片效果

进入"拍照模式"界面，❶展开"全景"选项区；❷选择"竖拍"模式；❸点击"拍摄"按钮⚋，如图10.45所示，即可拍摄并合成竖拍全景照片。

图10.45 点击"拍摄"按钮

第11章

夜景航拍技巧

绚丽的夜景会让我们感到震撼，但夜景也是无人机航拍中的一个难点，稍微把握不好就拍不出理想的画质。夜间由于光线不佳，昏暗的光线容易导致画面黑糊糊的，而且噪点还非常多。那么如何才能稳稳地拍出绚丽的城市夜景呢？接下来开始学习本章的内容，帮助大家掌握夜景航拍技巧。

11.1 夜拍注意事项

当在城市上空航拍夜景照片或视频时，一定要利用好周围的灯光效果，保持无人机平稳、慢速地飞行，这样才能拍摄出清晰的夜景照片。本节主要介绍航拍夜景之前需要注意的相关事项，以帮助大家拍出唯美的夜景效果。

11.1.1 提前踩点

无人机在夜间航拍时，光线的影响是比较大的。当无人机飞到空中时，你只看得到无人机的指示灯一闪一闪的，其他的什么也看不见。而且，夜间由于环境光线不足，无人机的下视感知系统会受影响，弹出"避障不可用"的提示，如图 11.1 所示。

图 11.1 弹出"避障不可用"提示

因此，一定要在白天提前踩点，对拍摄地点进行检查，观察上空是否有电线或者其他障碍物，以免造成无人机的坠毁。如果光线过暗，此时可以适当调整云台相机的感光度和光圈值来增加画面的亮度。

> ▶ **注意**
>
> 在夜间拍摄时，无人机的下视避障功能会受到影响，不能正常工作。如果能通过调整感光度来增加画面的亮度，这样也能够更清楚地看清周围的环境。但用户在拍摄照片前，一定要将感光度参数再调整为正常状态，以免拍摄的照片出现过曝的情况。

11.1.2　关闭前臂灯

默认情况下，无人机前臂灯显示为红灯。夜间拍摄时，前臂灯对画质有干扰和影响，所以在夜间拍摄照片或视频时，一定要把前臂灯关闭。在飞行界面中 ❶ 点击右侧的"调整参数"按钮 ，进入相机设置界面；❷ 开启"自动关闭机头指示灯"功能，如图 11.2 所示。

图 11.2　开启"自动关闭机头指示灯"功能

11.1.3　调节云台角度

在拍摄夜景时，如果发现云台相机有些倾斜，此时可以通过"云台微调"功能来调整云台的角度，使云台回正。

调节云台相机的方法很简单，在 DJI GO 4 App 的飞行界面中点击"通用设置"按钮 ，进入通用设置界面，点击 按钮切换至"云台"界面，在其中选择"云台微调"选项，如图 11.3 所示。

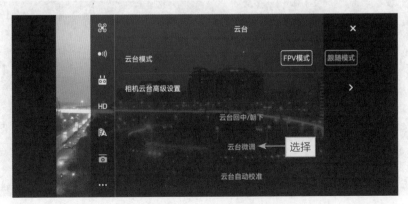

图 11.3　选择"云台微调"选项

此时，界面中弹出提示信息框，提示用户进行水平微调和偏航微调，用户选择相应的选项对云台进行微调即可，如图 11.4 所示。

图 11.4　选择相应的选项对云台进行微调

11.1.4　设置白平衡

　　从字面上理解白平衡就是白色的平衡。白平衡是描述显示器中红、绿、蓝三基色混合生成后白色精确度的一项指标，通过设置白平衡可以解决画面色彩和色调处理的一系列问题。

　　在无人机的设置界面中，用户可以通过设置画面的白平衡参数，使画面达到不同的色调效果。白平衡主要包括"阴天"模式、"晴天"模式、"白炽灯"模式、"荧光灯"模式以及"自定义"模式等，下面主要向读者介绍设置视频白平衡的操作方法。

　　进入飞行界面，❶ 点击右侧的"调整参数"按钮 ，进入相机调整界面；❷ 选择"白平衡"选项，如图 11.5 所示。

图 11.5　选择"白平衡"选项

进入"白平衡"界面，默认情况下，白平衡为"自动"模式。无人机会根据当时环境的画面亮度和颜色自动设置白平衡的参数，如图 11.6 所示。

图11.6　进入"白平衡"界面

在无人机相机设置中，用户还可以根据不同的天气和灯光效果，自定义设置白平衡的参数，使拍摄出来的画面更加符合用户的要求。自定义白平衡参数的方法很简单，只需在"白平衡"界面中选择"自定义"选项，在下方拖曳自定义滑块，即可自定义白平衡的参数。在具体的设置过程中，可以根据当时拍摄环境的光线来调整白平衡参数。

11.1.5　设置 ISO、光圈和快门

在航拍夜景时，大家可以通过调整 ISO（感光度）参数将曝光和噪点控制在合适范围内。但注意在夜间拍摄时，感光度越高，画面噪点就越多。

在光圈参数值不变的情况下，提高 ISO 参数值能够提升曝光量。ISO、光圈和快门是拍摄夜景的三大参数，到底多大的 ISO 才适合拍摄夜景呢？我们要结合光圈和快门参数来设置。一般情况下，ISO 参数值建议在 100 ～ 200 之间；ISO 参数值最高不要超过 400，否则对画质的影响会很大，如图 11.7 所示。

图11.7　ISO 参数值的设置

光圈参数可以选择 2.8，增加相机的进光量，让画面亮一点。

快门速度是指控制拍照时的曝光时长。夜间航拍时，如果光线不太好，可以加大光圈、降低快门速度。这一设置可以根据实际的拍摄效果来调整。在繁华的大街上，如果想拍出汽车的光影运动轨迹，主要是通过延长曝光时间，使汽车的轨迹形成光影线条的美感。

图 11.8 所示为延长曝光时间拍摄的汽车光影效果。

图11.8 延长曝光时间拍摄的汽车光影效果

11.2 夜景航拍手法

本节主要介绍夜景的多种航拍手法，如使用 M 挡航拍、使用"纯净夜拍"模式航拍、拉升飞行航拍等。熟练掌握这些航拍方法，可以帮助用户轻松拍出唯美的城市夜景效果。

11.2.1 使用 M 挡航拍

拍摄夜景照片时，由于无人机受周围环境光线的影响，建议飞手们使用 M 挡航拍夜景照片，这样拍摄出来的照片光线会好一些。下面介绍使用 M 挡设置参数手动拍摄夜景的方法。

步骤 01 在飞行界面中，点击右侧的"调整参数"按钮，如图 11.9 所示。

步骤 02 进入 ISO、光圈和快门设置界面，点击 M 按钮切换至手动模式，如图 11.10 所示。

图 11.9 点击"调整参数"按钮

图 11.10 点击 M 按钮

步骤 03 在其中设置"ISO"参数为 100、"光圈"参数为 2.8、"快门"参数为 1/8，如图 11.11 所示。手动设置曝光参数之后，点击"拍摄"按钮◯拍摄照片。

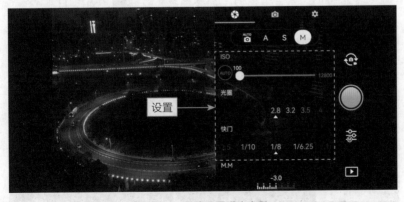

图 11.11 手动设置曝光参数

步骤 04 执行操作后，即可使用 M 挡拍摄夜景车流，效果如图 11.12 所示。

图 11.12 使用 M 挡拍摄夜景车流

在夜晚航拍照片或视频时，对焦会有一些不准确，导致拍摄出来的画面不清晰，此时可以打开"峰值对焦"功能。该功能会将画面中最锐利的区域高亮标记出来，从而帮助我们判断画面区域是否成功对焦。

设置方法很简单，在飞行界面中，点击右侧的"调整参数"按钮，进入相机调整界面；点击右上方的"设置"按钮，进入设置界面；选择"峰值等级"选项，进入"峰值等级"界面，在其中可以根据画质的明亮程度设置相应的峰值等级。

11.2.2 使用"纯净夜拍"模式航拍

无人机中有一种拍摄模式是专门用于夜景航拍的，即"纯净夜拍"模式，这种模式拍摄出来的夜景效果非常不错。下面介绍使用"纯净夜拍"模式航拍夜景照片的操作方法。

步骤 01 在飞行界面中，点击右侧的"调整参数"按钮，如图 11.13 所示。

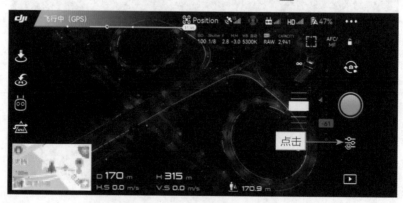

图 11.13 点击"调整参数"按钮

步骤 02 进入相机调整界面，选择"拍照模式"选项，如图 11.14 所示。

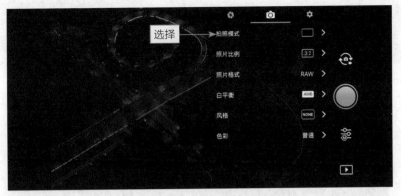

图11.14 选择"拍照模式"选项

步骤 03 进入"拍照模式"界面，选择"纯净夜拍"选项，如图 11.15 所示。

图11.15 选择"纯净夜拍"选项

步骤 04 点击"拍摄"按钮 ◐，使用"纯净夜拍"模式拍摄道路车流，效果如图 11.16 所示。

图11.16 使用"纯净夜拍"模式拍摄道路车流

11.2.3 拉升飞行航拍

使用拉升飞行航拍可以展示夜景的光影魅力。当无人机从低处拉升飞行到一定高度后，整个主体的夜景灯光就会展现在观众的眼前，画面十分唯美。

图 11.17 所示为使用拉升飞行拍摄的三汊矶大桥夜景风光。

图 11.17 使用拉升飞行拍摄的三汊矶大桥夜景风光

具体拍摄方法：使无人机的相机镜头平视前方，然后使用左手向上拨动左操作杆，无人机即可进行拉升飞行。

11.2.4 俯仰镜头航拍

航拍夜景时，通过俯仰镜头可以拍出城市的灯火阑珊，以及城市的辽阔感，效果如图 11.18 所示。

图 11.18 使用俯仰镜头航拍城市夜景

　　具体拍摄方法：将无人机飞行到一定的高度后，向上推动右操作杆，让无人机前行；同时拨动"云台俯仰"拨轮，调节云台的俯仰角度，将云台相机镜头抬起来。

11.2.5 向前飞行航拍

　　城市夜景特点在于人造灯光既是构成画面的一部分，又给夜景的拍摄提供了必要的光源。人造灯光点亮了整个城市，让画面呈现出一片繁华景象。使用向前飞行的手法航拍夜景时，可以让建筑不断地放大，展现在眼前，整个过程有一种在空中翱翔的感觉，效果如图 11.19 所示。

扫一扫，看视频

图11.19 使用向前飞行航拍城市夜景

　　向前飞行航拍有两种方式：第一种是用右手向上推动右操作杆，无人机即可向前飞行，在飞行过程中拍摄出普通视频效果；第二种是拍摄定向延时视频，使无人机朝指定方向飞行，并拍摄延时视频效果。这两种方式都能拍出向前飞行的夜景效果。

11.2.6 竖向全景航拍

扫一扫，看视频

　　使用"竖拍"全景模式可以拍摄出竖幅的城市夜景效果，展现出城市的纵深感。下面介绍使用"竖拍"全景模式航拍夜景效果的操作方法。

步骤 01 当无人机飞行至一定的高度后，在飞行界面中点击右侧的"调整参数"按钮，如图11.20所示。

步骤 02 进入相机调整界面，选择"拍照模式"选项，如图11.21所示。

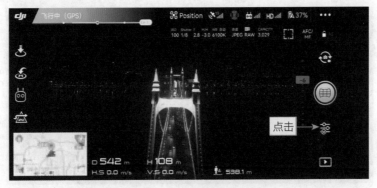

图11.20　点击"调整参数"按钮

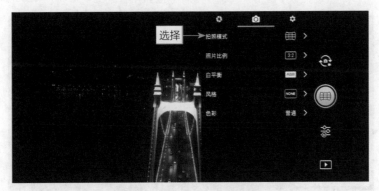

图11.21　选择"拍照模式"选项

步骤 03 ❶ 展开"全景"选项区；❷ 选择"竖拍"模式；❸ 点击"拍摄"按钮📷
拍摄全景照片，如图 11.22 所示。

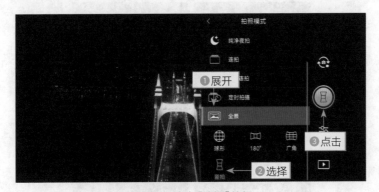

图11.22　点击"拍摄"按钮

步骤 04 无人机云台将自动旋转，并开始自动拍摄照片，其右侧会显示拍摄进度，如图
11.23 所示。

步骤 05 拍摄结束之后，弹出"全景拍摄成功"的提示，合成全景照片，如图 11.24
所示。

图 11.23 右侧显示拍摄进度

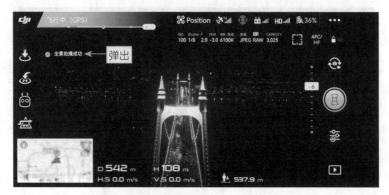

图 11.24 弹出"全景拍摄成功"提示

步骤 06 查看用竖拍全景模式拍摄的夜景效果，如图 11.25 所示。

图 11.25 竖拍全景模式拍摄的夜景效果

扫一扫，看视频

11.2.7　球形全景航拍

"球形"全景模式可以将城市的夜景拍摄成一个球状。这是一张动态的全景照片，画面十分有趣。下面介绍使用"球形"全景模式航拍夜景效果的操作方法。

步骤 01　调整好构图，在飞行界面中点击右侧的"调整参数"按钮 ，如图 11.26 所示。

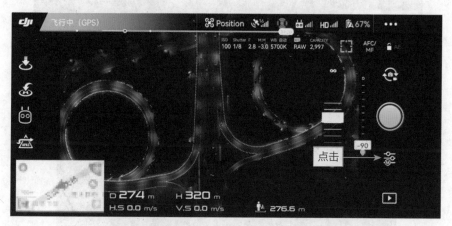

图11.26　点击"调整参数"按钮

步骤 02　进入相机调整界面，选择"拍照模式"选项，进入"拍照模式"界面，❶ 展开"全景"选项区；❷ 选择"球形"模式，如图 11.27 所示。

图11.27　选择"球形"模式

步骤 03　点击"拍摄"按钮 ⦿，无人机开始自动拍摄球形全景照片，相机云台将自动旋转，右侧显示拍摄进度，如图 11.28 所示。

步骤 04　待球形全景照片拍摄完成后，进入 SD 卡查看拍摄的球形全景夜景效果，如图 11.29 所示。

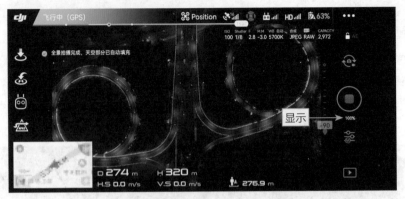

图11.28 右侧显示拍摄进度

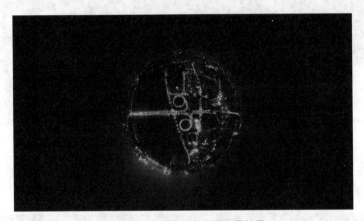

图11.29 拍摄的球形全景夜景效果

> ▶ 注意
>
> 　　在拍摄球形全景夜景照片时，需要注意以下几点。
> 　　（1）拍摄高度一定要高于周围的拍摄物体，本案例中的夜景就是在320m的高空中拍摄的。
> 　　（2）在一般情况下，光圈不要太大、快门不要过慢，尽量在风速稳定的环境下拍摄。
> 　　（3）需要在设置中保存全景原片（部分无人机不会自动合成全景照片）。

扫一扫，看视频

11.2.8 广角全景航拍

　　"广角"全景模式拍摄下的全景照片是由9张照片合成的，这种画幅可以在横竖画幅上展示更多的夜景画面内容。下面介绍使用"广角"全景模式航拍夜景效果的操作方法。

步骤 01 调整好构图，在飞行界面中点击右侧的"调整参数"按钮，如图11.30所示。

图11.30　点击"调整参数"按钮

步骤 02　进入相机调整界面，选择"拍照模式"选项，进入"拍照模式"界面，① 展开"全景"选项区；② 选择"广角"模式，如图 11.31 所示。

图11.31　选择"广角"模式

步骤 03　点击"拍摄"按钮，无人机开始自动拍摄广角全景照片，相机云台将自动旋转。拍摄完成后，显示"全景拍摄成功"的提示，如图 11.32 所示。

图11.32　显示"全景拍摄成功"的提示

步骤 04 待广角全景照片拍摄完成后，进入 SD 卡查看拍摄的广角全景夜景效果，如图 11.33 所示。

图 11.33 拍摄的广角全景夜景效果

11.2.9 轨迹延时航拍

运用"轨迹延时"模式拍摄视频，设置轨迹点时可以调整镜头的角度和朝向。不过最好每个轨迹点之间有一定的距离，这样才能拍摄出有变化的延时视频。

本次拍摄的是无人机沿着轨迹路线进行后退飞行，并航拍夜景的轨迹延时视频。下面介绍具体拍法。

步骤 01 点击"智能模式"按钮 ，在弹出的界面中选择"延时摄影"选项，如图 11.34 所示。

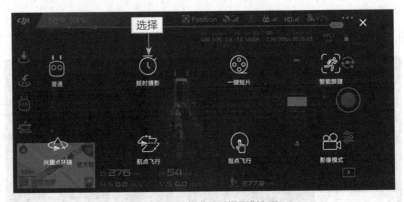

图 11.34 选择"延时摄影"选项

步骤 02 在"延时摄影"飞行模式中选择"轨迹延时"模式，如图 11.35 所示，在弹出的对话框中点击"好的"。

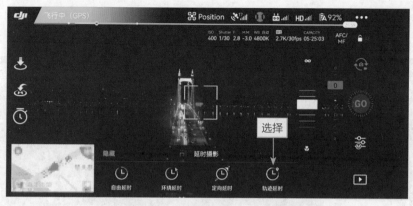

图 11.35 选择"轨迹延时"模式

步骤 03 点击 ⊕ 按钮，设置无人机轨迹飞行的起幅点，如图 11.36 所示。

图 11.36 点击相应按钮

步骤 04 无人机调整位置并向前飞行一段距离，❶ 点击 ⊕ 按钮添加落幅点；❷ 设置"逆序"方式；❸ 点击 GO 按钮，如图 11.37 所示。

图 11.37 点击 GO 按钮

步骤 05 无人机云台自动旋转之后自动拍摄照片，底部显示拍摄进度，如图 11.38 所示。

图 11.38 底部显示拍摄进度

步骤 06 拍摄完成后，无人机会自动合成延时视频，右侧显示进度，如图 11.39 所示。

图 11.39 无人机会自动合成延时视频

步骤 07 欣赏拍摄好的轨迹延时视频效果，如图 11.40 所示。

图 11.40 轨迹延时视频效果

第3部分

后期制作

第 12 章

使用"醒图"App 修图

"醒图"App 是一款功能强大的后期修图 App。利用它无论是编辑照片还是添加滤镜和调色，都十分方便。其中不仅有各种各样的滤镜功能，还有添加文字和贴纸的功能，为照片的调色和美化增加了更多的奇趣体验。本章主要介绍如何在"醒图"App 中进行图片调节和美化照片，让无人机航拍的照片更加惊艳。

12.1 照片的基本调节

"醒图"App 中的调节功能非常强大,而且都是非常基础的功能。学会这些基本的调节操作,能让你的图片处理水平提高一个级别。本节将介绍如何在"醒图"App 中进行基本的图片调节处理。

12.1.1 构图处理

【效果对比】"醒图"App 中的构图功能可以对图片进行裁剪、旋转和矫正处理。下面介绍如何对航拍照片进行构图处理,并改变画面的比例。原图与效果图对比如图 12.1 所示。

图 12.1 原图与效果图对比

构图处理的操作方法如下。

步骤 01 打开"醒图"App,点击"导入"按钮,如图 12.2 所示。

步骤 02 在"全部照片"界面中选择一张照片,如图 12.3 所示。

步骤 03 进入"醒图"App 图片编辑界面,❶切换至"调节"选项卡;❷选择"构图"选项,如图 12.4 所示。

图12.2 点击"导入"按钮

图12.3 选择一张照片

图12.4 选择"构图"选项

步骤 04 ❶选择"正方形"选项，更改比例；❷点击"还原"按钮，如图12.5所示。

步骤 05 复原比例，❶选择"9:16"选项，更改比例样式；❷确定构图之后，点击✓按钮，如图12.6所示。

步骤 06 预览效果，可以看到照片最终变成竖屏样式，裁剪了不需要的画面，还展示了更细节的画面内容；最后点击"保存"按钮↓，保存照片至相册中，如图12.7所示。

图12.5 点击"还原"按钮

图12.6 点击相应按钮

图12.7 点击"保存"按钮

> ▶ 注意
>
> 除了选定比例样式进行二次构图之外，还可以拖曳裁剪边框进行构图。

12.1.2 局部调整亮度

【效果对比】通过局部调整亮度能够提高局部的亮度，也能够降低局部的亮度。下面主要是把天空部分提亮，让夕阳云彩更加美丽。原图与效果图对比如图 12.8 所示。

图12.8　原图与效果图对比

局部调整亮度的操作方法如下。

步骤 01　在"醒图"App 中导入照片素材，❶切换至"调节"选项卡；❷点击"局部调整"选项，如图 12.9 所示。

步骤 02　进入"局部调整"界面，弹出相应的操作步骤提示，如图 12.10 所示。

步骤 03　❶点击画面上方天空的位置，添加一个点；❷向右拖曳滑块，设置"亮度"参数为 100，提亮天空的亮度，如图 12.11 所示。

图12.9　点击"局部调整"选项　图12.10　弹出相应的操作步骤提示　图12.11　设置"亮度"参数

> ▶ **注意**

在"局部调整"界面中添加点之后，除了可以调整局部的"亮度"参数之外，还可以调整"对比度""饱和度""结构"等参数。

扫一扫，看视频

12.1.3 智能优化图像

【效果对比】"醒图"App中的智能优化功能可以一键处理照片，优化原图色彩和明度，让照片画面更加靓丽。原图与效果图对比如图12.12所示。

图12.12 原图与效果图对比

智能优化图像的操作方法如下。

步骤 01 在"醒图"App中导入照片素材，❶切换至"调节"选项卡；❷选择"智能优化"选项，如图12.13所示。

步骤 02 优化照片画面之后，设置"光感"参数为23，提亮画面，如图12.14所示。

步骤 03 设置"自然饱和度"参数为100，让画面色彩更鲜艳一些，从而使照片更加美观，如图12.15所示。

图 12.13 选择"智能优化"选项　　图 12.14 设置"光感"参数　图 12.15 设置"自然饱和度"参数

12.1.4 色彩优化

【效果对比】有时航拍出来的照片色彩不是很好，此时在"醒图"App 中通过 扫一扫，看视频 调节相应的参数就可以拯救"废片"，获得一张心仪的照片。原图与效果图对比如图 12.16 所示。

图 12.16 原图与效果图对比

进行色彩优化的操作方法如下。

步骤 01 在"醒图"App 中导入照片素材，❶切换至"调节"选项卡；❷选择"曝光"选项；❸设置参数为 76，提亮画面，如图 12.17 所示。

步骤 02 设置"结构"参数为 45，让画面变清晰一些，如图 12.18 所示。

步骤 03 选择 HSL 选项，❶在 HSL 面板中选择"绿色"选项〇；❷设置"色相"参数为 20、"饱和度"参数为 100、"明度"参数为 30，调整画面中绿色部分的色彩，使其偏墨绿，部分参数如图 12.19 所示。

图12.17 设置"曝光"参数　　　图12.18 设置"结构"参数　　　图12.19 设置相应的参数（1）

步骤 04　❶在 HSL 面板中选择"橙色"选项◯；❷设置"色相"参数为 -100、"饱和度"参数为 100，调整画面中橙色物体上的色彩，让色彩更鲜艳些，部分参数如图 12.20 所示。

步骤 05　设置"色调"参数为 -22，让画面偏绿调，如图 12.21 所示。

步骤 06　设置"自然饱和度"参数为 25，再稍微提升一下色彩饱和度，使画面整体更惊艳，如图 12.22 所示。

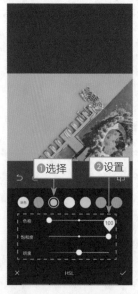

图12.20 设置相应的参数（2）　　图12.21 设置"色调"参数　　图12.22 设置"自然饱和度"参数

12.1.5 调节曝光

【效果对比】在傍晚航拍时,由于太阳落山,画面整体的光线就会比较暗淡,这时可以调整曝光,提亮画面。原图与效果图对比如图 12.23 所示。

图 12.23 原图与效果图对比

调节曝光的操作方法如下。

步骤 01 在"醒图"App 中导入照片素材,❶切换至"调节"选项卡;❷设置"光感"参数为 100,让画面变亮一些,如图 12.24 所示。

步骤 02 设置"亮度"参数为 19,再继续提亮画面,如图 12.25 所示。

步骤 03 设置"曝光"参数为 9,让画面明度变得正常,如图 12.26 所示。

图 12.24 设置"光感"参数　　图 12.25 设置"亮度"参数　　图 12.26 设置"曝光"参数

12.2 对照片进行美化

在"醒图"App 中，滤镜功能可以一键调色，文字和贴纸功能可以添加文字和贴纸，拼图功能可以把多张图片拼接在一起，消除笔功能则可以把不需要的画面内容消除掉，套用模板功能可以快速出图，AI 绘图功能可以实现天马行空的图片效果，批量修图功能可以对多张照片进行批量修图。本节将介绍这些常用的美化照片操作功能。

12.2.1 添加滤镜

扫一扫，看视频

【效果对比】为了让照片更有质感，通过在"醒图"App 中添加相应的风景滤镜，就可以让航拍的风景照片更加靓丽。原图与效果图对比如图 12.27 所示。

图 12.27 原图与效果图对比

添加滤镜的操作方法如下。

步骤 01 在"醒图"App 中导入照片素材，❶切换至"滤镜"选项卡；❷展开"风景"选项区；❸选择"橘光"滤镜，初步调色，如图 12.28 所示。

步骤 02 ❶切换至"调节"选项卡；❷设置"光感"参数为 24，如图 12.29 所示。

步骤 03 提亮画面之后，设置"对比度"参数为 12，稍微增强明暗对比，如图 12.30 所示。

步骤 04 设置"色温"参数为 18，让画面偏暖色调，如图 12.31 所示。

步骤 05 设置"色调"参数为 27，让色调偏紫，如图 12.32 所示。

步骤 06 设置"自然饱和度"参数为 25，继续让色彩更明艳，如图 12.33 所示。

图12.28　选择"橘光"滤镜

图12.29　设置"光感"参数

图12.30　设置"对比度"参数

图12.31　设置"色温"参数

图12.32　设置"色调"参数

图12.33　设置"自然饱和度"参数

12.2.2　添加文字和贴纸

【效果对比】"醒图"App 中的文字和贴纸样式非常丰富，用户还可以通过关键
词搜索并添加贴纸。添加文字和贴纸能够点明主题，并增加图片的趣味性。原图

扫一扫，看视频

167

与效果图对比如图 12.34 所示。

图12.34　原图与效果图对比

添加文字和贴纸的操作方法如下。

步骤 01　在"醒图"App 中导入照片素材，切换至"文字"选项卡，如图 12.35 所示。

步骤 02　弹出相应的面板，❶展开"标签"选项区；❷选择一款文字模板，如图 12.36 所示。

步骤 03　双击文字，更改内容并调整其大小和位置，如图 12.37 所示。

图12.35　切换至"文字"选项卡　　图12.36　选择一款文字模板　图12.37　调整文字的大小和位置

步骤 04　切换至"贴纸"选项卡，❶输入"长沙"；❷点击"搜索"按钮；❸选择一款贴纸，如图 12.38 所示。

步骤 05　❶输入"地标"；❷点击"搜索"按钮；❸选择地标贴纸，如图 12.39 所示。

步骤 06　调整两款贴纸的大小和位置，让画面整体变和谐，如图 12.40 所示。

图12.38 选择一款贴纸

图12.39 选择地标贴纸

图12.40 调整两款贴纸的
大小和位置

12.2.3 拼图玩法

扫一扫，看视频

【效果对比】在"醒图"App 中通过导入图片就能够实现多图拼接，制作高级
感拼图，让多张照片同时出现在一个画面中。原图与效果图对比如图 12.41 所示。

图12.41 原图与效果图对比

拼图的操作方法如下。

步骤 01 打开"醒图"App，点击"拼图"按钮，如图 12.42 所示。

步骤 02 ❶依次选择相册里的 3 张照片；❷点击"完成"按钮，如图 12.43 所示。

169

步骤 03　❶切换至"长图拼接"选项卡；❷选择一个样式，查看效果，如图 12.44 所示。

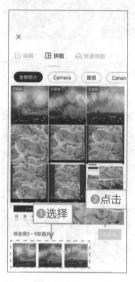

图 12.42　点击"拼图"按钮　　　图 12.43　点击"完成"按钮　　　图 12.44　选择一个样式

步骤 04　❶切换至"拼图"选项卡；❷选择"3:4"选项；❸选择一个样式；❹调整 3 张照片的位置，如图 12.45 所示。

步骤 05　点击"文字"选项卡，如图 12.46 所示，进入相应的面板。

步骤 06　❶展开"标题"选项区；❷选择文字模板；❸双击文字并更改部分内容，如图 12.47 所示。

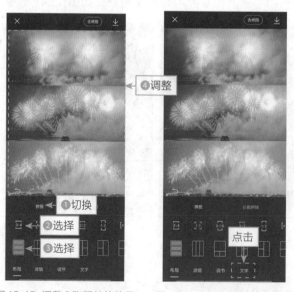

图 12.45　调整 3 张照片的位置　　　图 12.46　点击"文字"选项卡　　　图 12.47　双击文字并更改部分内容

12.2.4　消除笔去水印

【效果对比】消除笔可以去除画面中不需要的部分，而且运用其操作步骤十分简单。下面介绍如何使用消除笔去掉画面中的水印文字，原图与效果图对比如图 12.48 所示。

图12.48　原图与效果图对比

用消除笔去水印的操作方法如下。

步骤 01　在"醒图"App 中导入照片素材，❶切换至"人像"选项卡；❷选择"消除笔"选项，如图 12.49 所示。

步骤 02　❶设置画笔"大小"参数为20；❷涂抹画面中的文字，如图 12.50 所示。

步骤 03　稍等片刻，即可消除不需要的水印文字画面，如图 12.51 所示。

图12.49　选择"消除笔"选项　　图12.50　涂抹画面中的文字　　图12.51　已消除水印文字

▶ 注意

　　如果水印没有去除干净，就可以再次调整画笔大小，并多次涂抹水印的位置。

扫一扫，看视频

12.2.5 套用模板快速出图

【效果对比】"醒图"App中有很多模板，如滤镜调色、文字、贴纸和排版模板，一键就能套用，出图非常方便。在"醒图"App中套用模板的方法也很多，本案例将介绍3种套用模板的方法，原图与效果图对比如图12.52所示。

图12.52 原图与效果图对比

套用模板快速出图的操作方法如下。

步骤 01 在"醒图"App中导入照片素材，自动进入"模板"选项卡，在"热门"选项区中选择一款模板，查看模板效果，如图12.53所示。

步骤 02 点击×按钮回到"修图"界面，点击搜索栏，如图12.54所示。

图12.53 选择一款模板

图12.54 点击搜索栏

步骤 03 ❶输入并搜索"樱粉";❷点击所选模板右下角的"使用"按钮,如图 12.55 所示。

步骤 04 在"全部照片"界面中选择相应的照片素材,如图 12.56 所示。

步骤 05 套用滤镜调色模板后的效果如图 12.57 所示。点击 ✕ 按钮返回"修图"界面。

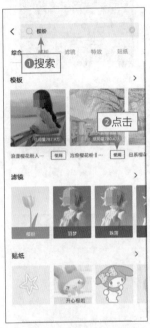

图 12.55 点击"使用"按钮　　图 12.56 选择照片素材　　图 12.57 套用滤镜调色模板

步骤 06 在"修图"界面中选择"花式记录春天"版块,如图 12.58 所示。

步骤 07 在"花式记录春天"界面中点击所选模板底下的"GET 同款"按钮,如图 12.59 所示。

步骤 08 进入相应的界面,点击右下角的"去使用"按钮,如图 12.60 所示。

步骤 09 在"全部照片"界面中选择相应的照片素材,如图 12.61 所示。

步骤 10 套用模板后,双击粉色文字贴纸,如图 12.62 所示。

步骤 11 微微调整贴纸的位置,让画面看起来更和谐,如图 12.63 所示。最后点击"保存"按钮 ↓,保存照片至相册中。

图 12.58 选择"花式记录春天"
板块

图 12.59 点击"GET 同款"
按钮

图 12.60 点击"去使用"
按钮

图 12.61 选择相应的照片素材

图 12.62 双击粉色文字贴纸

图 12.63 微微调整贴纸的位置

扫一扫，看视频

12.2.6 AI 绘画玩法

【效果对比】AI（Artificial Intelligence，人工智能）绘画是现在很流行的一种玩法，能让你的照片变得截然不同，又充满想象的空间。在"醒图"App 中有多种 AI 绘画玩法选项可选，操作十分简单。原图与效果图对比如图 12.64 所示。

图12.64 原图与效果图对比

应用 AI 绘画的操作方法如下。

步骤 01 打开"醒图"App，点击"AI 绘画"按钮，如图 12.65 所示。

步骤 02 在"全部照片"界面中选择相应的照片素材，如图 12.66 所示。

步骤 03 ❶展开"AI-日漫"选项区；❷选择"肌肉男"选项，即可实现智能绘画，如图 12.67 所示。

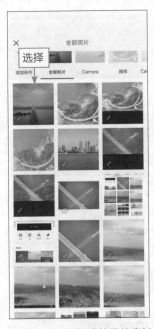

图12.65 点击"AI 绘画"按钮　　图12.66 选择相应的照片素材　　图12.67 选择"肌肉男"选项

12.2.7 批量调色修图

【效果对比】对于同一场景、光线和设备下航拍的多张照片，可以利用"醒图"App 中的批量修图功能进行调整，一键修图并导出多张照片素材。原图与效果图对比如图 12.68 所示。

扫一扫，看视频

图12.68 原图与效果图对比

批量调色修图的操作方法如下。

步骤 01 打开"醒图"App，点击"批量修图"按钮，如图 12.69 所示。

步骤 02 ❶在"全部照片"界面中选择两张照片素材；❷点击"完成"按钮，如图 12.70 所示。

步骤 03 ❶切换至"调节"选项卡；❷选择"曝光"选项；❸设置参数为100，提亮画面，如图 12.71 所示。

图12.69 点击"批量修图"按钮　　图12.70 点击"完成"按钮　　图12.71 设置参数

步骤 04 ❶设置"亮度"参数为27，继续增加曝光；❷点击"应用全部"按钮，如图 12.72 所示，把调节效果应用到所有的照片中。

步骤 05 ❶切换至"滤镜"选项卡；❷在"胶片"选项区中选择KUM4滤镜；❸设置参数为75，继续让画面色彩更具美感；❹点击"应用全部"按钮，如

图 12.73 所示，把滤镜效果应用到所有的照片中。

步骤 06 点击"保存"按钮 ↓，把多张照片保存到相册和"醒图"的作品集中，如图 12.74 所示。

图 12.72 点击"应用全部"按钮

图 12.73 点击相应的按钮

图 12.74 保存多张照片

▶ 注意

　　批量修图除了可以将调节、滤镜效果应用到所有的照片中外，还可以批量应用文字、贴纸、特效等效果。

　　批量调色最好选择相同类型的照片，不然会有调色误差。如果存在调色差异，此时也可以选择相应的单张照片进行单独调色，再导出所有的照片。

第**13**章

"剪映"手机版：将单个与多个视频剪辑为成品

　　"剪映"手机版是一款非常流行的视频剪辑软件，大部分的抖音用户都会用其进行剪辑操作。本章主要介绍如何在"剪映"手机版中进行单个视频和多个视频的剪辑处理，其间包含裁剪时长、添加音乐、添加文字和滤镜等操作。学习这些剪辑技巧，让读者在学会无人机航拍之后，还能学会在手机中剪辑视频，快速制作成品视频，并让视频具有大片感。

13.1 单个视频的制作流程

在航拍完一段视频之后、分享视频之前，可以为单个视频在"剪映"手机版中进行后期处理，再分享至朋友圈或短视频平台中。本节将介绍单个视频的制作流程。

本案例的最终视频效果如图 13.1 所示。

图 13.1 最终视频效果

13.1.1 导入视频素材

【效果展示】在"剪映"手机版中剪辑视频的第一步就是导入视频素材，这样才能进行后续的操作和处理。效果展示如图 13.2 所示。

扫一扫，看视频

导入视频素材的操作方法如下。

步骤 01 在手机中下载好"剪映"App，点击"剪映"图标，如图 13.3 所示。

步骤 02 在"剪辑"界面中点击"开始创作"按钮，如图 13.4 所示。

图13.2 效果展示

步骤 03 ❶在"照片视频"界面中选择视频素材；❷选中"高清"单选按钮；❸点击"添加"按钮，如图13.5所示，即可把视频素材导入到"剪映"手机版中。

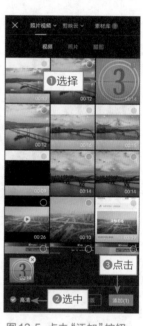

图13.3 点击"剪映"图标　　　　图13.4 点击"开始创作"按钮　　　　图13.5 点击"添加"按钮

扫一扫，看视频

13.1.2 剪辑视频时长

【效果展示】在"剪映"手机版中导入航拍视频之后，就可以用剪辑功能快速裁剪时长，并只留下自己想要的片段。效果展示如图13.6所示。

剪辑视频时长的操作方法如下。

步骤 01 ❶选择视频素材；❷拖曳时间轴至视频2s左右的位置；❸点击"分割"按钮，如图13.7所示，分割视频。

步骤 02 ❶选择分割后的第1段视频片段；❷点击"删除"按钮，如图13.8所示。

步骤 03 删除多余片段后，剪辑视频的时长如图13.9所示。

图13.6 效果展示

图13.7 点击"分割"按钮　　　图13.8 点击"删除"按钮　　　图13.9 删除多余片段

13.1.3 添加滤镜调色

扫一扫，看视频

　　【效果展示】当使用无人机拍摄视频时，视频画面如果受到天气和设备的影响，那么画质的清晰度和色彩可能也会受到影响，这种情况下整体的视频画面就不会出彩。为了让视频画面更具有吸引力，需要为视频添加滤镜进行调色。效果展示如图 13.10 所示。

181

图13.10 效果展示

添加滤镜调色的操作方法如下。

步骤 01 在视频起始位置点击"滤镜"按钮，进入"滤镜"选项卡，如图 13.11 所示。

步骤 02 ❶展开"风景"选项区；❷选择"橘光"滤镜；❸设置参数为 30，添加滤镜初步调色，如图 13.12 所示。

步骤 03 ❶切换至"调节"选项卡；❷选择"亮度"选项；❸设置参数为 9，稍微提亮画面，如图 13.13 所示。

图13.11 点击"滤镜"按钮　　　图13.12 设置参数　　　图13.13 设置"亮度"参数

步骤 04 设置"对比度"参数为 7，增强画面的明暗对比，如图 13.14 所示。

步骤 05 设置"饱和度"参数为 14，让画面色彩更加艳丽，如图 13.15 所示。

步骤 06 设置"色温"参数为 6，微微增强暖色，如图 13.16 所示。

图13.14 设置"对比度"参数　　图13.15 设置"饱和度"参数　　图13.16 设置"色温"参数

步骤 07 选择 HSL 选项，进入 HSL 面板，如图 13.17 所示。

步骤 08 ❶选择"橙色"选项○；❷设置"色相"参数为 –27、"饱和度"参数为 44、"亮度"参数为 –8，让画面中夕阳下天空的色彩更加艳丽，部分参数如图 13.18 所示。

步骤 09 点击◎按钮返回到上一级工具栏，可以看到视频轨道下面生成了一条"橘光 | 调节 1"的轨道，如图 13.19 所示。

图13.17 选择HSL选项　　图13.18 设置相应的参数　　图13.19 生成相应的轨道

扫一扫，看视频

13.1.4 设置比例背景

【效果展示】对于横屏视频，可以设置比例，使其变成竖屏视频；此外，还可以设置相应的背景样式，使黑色的背景变成彩色的，从而使视频更适合在手机中观看。效果展示如图 13.20 所示。

设置比例背景的操作方法如下。

步骤 01 在视频起始位置点击"比例"按钮，如图 13.21 所示。

图 13.20 效果展示

步骤 02 在"比例"面板中选择"9:16"选项，改变画面的比例，如图 13.22 所示。

步骤 03 点击 ✓ 按钮返回到上一级工具栏，点击"背景"按钮，如图 13.23 所示。

图 13.21 点击"比例"按钮

图 13.22 选择"9:16"选项

图 13.23 点击"背景"按钮

步骤 04 在弹出的工具栏中点击"画布样式"按钮，如图 13.24 所示。

步骤 05 在"画布样式"面板中选择一个背景样式，改变画面背景，如图 13.25 所示。

图 13.24 点击"画布样式"按钮

图 13.25 选择一个背景样式

扫一扫，看视频

13.1.5 拍照定格效果

【效果展示】定格视频可以得到一段定格画面，再添加相应的拍照音效就能制作出拍照定格效果。效果展示如图 13.26 所示。

制作拍照定格效果的操作方法如下。

步骤 01 ❶ 选择视频素材；❷ 在视频 3s 左右的位置点击"定格"按钮，如图 13.27 所示。

步骤 02 定格画面之后，设置定格片段的时长为 1.0s，如图 13.28 所示。

图 13.26 效果展示

图13.27 点击"定格"按钮

图13.28 设置定格片段的时长

步骤 03 在定格片段前面一点的位置点击"音频"按钮，如图13.29所示。

步骤 04 在弹出的二级工具栏中点击"音效"按钮，如图13.30所示。

步骤 05 ❶输入并搜索"拍照声"；❷点击"拍照声1"音效右侧的"使用"按钮，如图13.31所示。添加音效，并调节滤镜素材的时长。

图13.29 点击"音频"按钮

图13.30 点击"音效"按钮

图13.31 点击"使用"按钮

13.1.6 添加合适特效

【效果展示】为了让视频画面丰富、有趣，可以为视频添加合适的特效，增加画面内容，让开场和结尾片段更有创意。效果展示如图 13.32 所示。

添加合适特效的操作方法如下。

步骤 01 在视频起始位置点击"特效"按钮，如图 13.33 所示。

步骤 02 在弹出的二级工具栏中点击"画面特效"按钮，如图 13.34 所示。

图13.32 效果展示

步骤 03 ❶切换至"边框"选项卡；❷选择"录制边框Ⅱ"特效，如图 13.35 所示。

图13.33 点击"特效"按钮

图13.34 点击"画面特效"按钮（1）

图13.35 选择"录制边框Ⅱ"特效

187

步骤 04 在"录制边框Ⅱ"特效的末尾位置点击"画面特效"按钮，如图 13.36 所示。

步骤 05 ❶切换至"基础"选项卡；❷选择"变清晰"特效，如图 13.37 所示。

步骤 06 在视频 11s 左右的位置点击"画面特效"按钮，如图 13.38 所示。

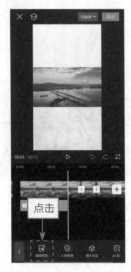

图 13.36 点击"画面特效" 　　图 13.37 选择"变清晰" 　　图 13.38 点击"画面特效"
　　　按钮（2） 　　　　　　　　　特效 　　　　　　　　　按钮（3）

步骤 07 在"基础"选项卡中选择"闭幕Ⅱ"特效，如图 13.39 所示。

步骤 08 点击✓按钮，默认选择"闭幕Ⅱ"特效，点击"作用对象"按钮，如图 13.40 所示。

步骤 09 在"作用对象"面板中选择"全局"选项，应用到所有画面中，如图 13.41 所示。

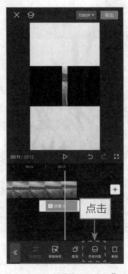

图 13.39 选择"闭幕Ⅱ"特效 　　图 13.40 点击"作用对象"按钮 　　图 13.41 选择"全局"选项

13.1.7 添加标题和贴纸

【效果展示】在后期制作视频时，可以为视频添加标题文字，点明视频主题，也可以添加地名文字，向观众介绍视频内容，还可以添加贴纸，丰富视频内容。效果展示如图 13.42 所示。

添加标题和贴纸的操作方法如下。

步骤 01 在视频起始位置点击"文字"按钮，如图 13.43 所示。

步骤 02 在弹出的二级工具栏中点击"文字模板"按钮，如图 13.44 所示。

图 13.42 效果展示

步骤 03 ❶展开"片头标题"选项区；❷选择一款文字模板，如图 13.45 所示。

图 13.43 点击"文字"按钮　　图 13.44 点击"文字模板"按钮　　图 13.45 选择一款文字模板

步骤 04 ❶更改文字内容；❷点击 1L 按钮，如图 13.46 所示。

步骤 05 更改所有的文字内容之后，再微微缩小标题文字，如图 13.47 所示。

步骤 06 在第 3 段素材的起始位置点击"新建文本"按钮，如图 13.48 所示。

图13.46 点击相应的按钮

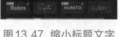
图13.47 缩小标题文字

图13.48 点击"新建文本"按钮

步骤 07 ❶输入地名文字；❷在"书法"选项区选择字体，如图 13.49 所示。

步骤 08 ❶切换至"花字"选项卡；❷选择一款花字样式；❸调整其大小和位置，如图 13.50 所示。

步骤 09 ❶切换至"动画"选项卡；❷选择"晕开"入场动画；❸设置动画时长为 2.0s，如图 13.51 所示。

图13.49 选择字体

图13.50 选择一款花字样式

图13.51 设置动画时长（1）

步骤 10 ❶展开"出场"选项区；❷选择"渐隐"动画；❸设置动画时长为 1.0s，如图 13.52 所示。

步骤 11 在第 3 段素材的起始位置点击"添加贴纸"按钮，如图 13.53 所示。

步骤 12 ❶输入并搜索"地标"；❷选择"地标"贴纸；❸调整其大小和位置，如图 13.54 所示。

图 13.52 设置动画时长（2） 图 13.53 点击"添加贴纸" 图 13.54 调整贴纸的大小和位置
按钮

步骤 13 点击✓按钮确认添加，默认选择贴纸素材并点击"动画"按钮，如图 13.55 所示。

步骤 14 ❶选择"渐显"入场动画；❷设置动画时长为 2.0s，如图 13.56 所示。

步骤 15 ❶切换至"出场动画"选项卡；❷选择"渐隐"动画；❸设置动画时长为 1.0s，如图 13.57 所示，最后调整地名文字和贴纸的末尾位置，使其对齐视频的末尾位置。

图 13.55 点击"动画"按钮 图 13.56 设置动画时长（3） 图 13.57 设置动画时长（4）

13.1.8　添加背景音乐

【效果展示】背景音乐是航拍视频中必不可少的，它能够为视频增加亮点。"剪映"曲库中的音乐类型呈多样化，歌曲非常丰富。效果展示如图 13.58 所示。

添加背景音乐的操作方法如下。

步骤 01　在视频起始位置点击"音频"按钮，如图 13.59 所示。

步骤 02　在弹出的二级工具栏中点击"音乐"按钮，如图 13.60 所示。

步骤 03　在"添加音乐"界面中选择"抖音"选项，如图 13.61 所示。

图 13.58　效果展示

图 13.59　点击"音频"按钮

图 13.60　点击"音乐"按钮

图 13.61　选择"抖音"选项

步骤 04 在"抖音"界面中点击所选音乐右侧的"使用"按钮，如图 13.62 所示。

步骤 05 ❶选择音频素材；❷在视频的末尾位置点击"分割"按钮，如图 13.63 所示。

步骤 06 分割音频素材之后，默认选择分割后的第 2 段音频素材，点击"删除"按钮，如图 13.64 所示，删除多余的片段。

图 13.62 点击"使用"按钮

图 13.63 点击"分割"按钮

图 13.64 点击"删除"按钮

步骤 07 ❶选择音频素材；❷点击"淡化"按钮，如图 13.65 所示。

步骤 08 设置"淡出时长"参数为 2s，让音乐结束得更加自然些，如图 13.66 所示。

图 13.65 点击"淡化"按钮

图 13.66 设置"淡出时长"参数

13.1.9 导出分享成品

【效果展示】导出视频时，可以设置封面、分辨率、帧率和码率等参数，导出之后还可以分享至抖音平台中。效果展示如图 13.67 所示。

导出分享成品的操作方法如下。

步骤 01 点击视频素材左侧的"设置封面"按钮，如图 13.68 所示。

步骤 02 ❶ 滑动选择一帧画面作为封面；❷ 点击"保存"按钮，如图 13.69 所示。

图 13.67 效果展示

图 13.68 点击"设置封面"按钮

图 13.69 点击"保存"按钮

步骤 03 ❶点击 1080P ▲ 按钮；❷设置"帧率"参数；❸点击右上角的"导出"按钮，如图 13.70 所示。

步骤 04 界面中弹出导出进度提示，如图 13.71 所示。

步骤 05 导出成功之后，点击"抖音"按钮，可以将视频分享至抖音，如图 13.72 所示。

图 13.70 点击"导出"按钮　　图 13.71 弹出导出进度提示　　图 13.72 点击"抖音"按钮

步骤 06 在弹出的界面中点击"下一步"按钮，如图 13.73 所示。

步骤 07 编辑相应的内容，点击"发布"按钮，即可发布视频，如图 13.74 所示。

图 13.73 点击"下一步"按钮　　图 13.74 编辑相应的内容并发布

13.2 多个视频的剪辑流程

对于多个视频，在剪辑流程上会比单个视频多一些操作，但大部分的操作过程都是差不多的，读者可以多练习、提炼和总结要点。本节将介绍多个视频的剪辑流程。

本案例的最终视频效果如图 13.75 所示。

图 13.75 最终视频效果

▶ **注意**

在对多个视频进行剪辑时，先对视频素材进行排序，然后依次导入"剪映"手机版中，这样可以提升视频剪辑的效率。

13.2.1 添加多段视频和卡点音乐

【效果展示】在"剪映"手机版添加多段视频时，需要将其按顺序依次导入；导入多段视频之后，再添加在抖音收藏好的卡点音乐。效果展示如图 13.76 所示。

图 13.76 效果展示

添加多段视频和卡点音乐的操作方法如下。

步骤 01 进入"剪映"手机版"剪辑"界面，点击"开始创作"按钮，如图 13.77 所示。

步骤 02 ❶在"照片视频"界面中依次选择 7 段视频素材；❷勾选"高清"单选按钮；❸点击"添加"按钮，如图 13.78 所示。

步骤 03 添加素材至视频轨道中，点击"音频"按钮，如图 13.79 所示。

步骤 04 在弹出的二级工具栏中点击"抖音收藏"按钮，如图 13.80 所示。

图 13.77 点击"开始创作"按钮　　　图 13.78 点击"添加"按钮　　　图 13.79 点击"音频"按钮

步骤 05 点击所选音乐右侧的"使用"按钮，如图 13.81 所示。

步骤 06 添加卡点音乐至音频轨道中，效果如图 13.82 所示。

图 13.80 点击"抖音收藏"按钮　　　图 13.81 点击"使用"按钮　　　图 13.82 已添加卡点音乐

▶ 注意

本次添加的音乐来自抖音短视频平台。在抖音收藏其他视频中的音乐，在"剪映"中登录同一个账号就可以进行添加。在本书的"素材库"文件夹中，也附赠了同款卡点音乐素材。

扫一扫，看视频

13.2.2 设置变速效果调整时长

【效果展示】为了让视频具有动感，可以为视频素材设置"曲线变速"效果，让视频配合音乐的节奏，播放速度忽快忽慢，最后调整素材的时长。效果展示如图 13.83 所示。

图13.83 效果展示

设置变速效果调整时长的操作方法如下。

步骤 01 ❶选择音频素材；❷点击"踩点"按钮，如图 13.84 所示。

步骤 02 弹出相应的面板，❶点击"自动踩点"按钮；❷选择"踩节拍Ⅰ"选项；❸点击✓按钮确认操作，如图 13.85 所示。

步骤 03 向左拖曳第 1 段素材右侧的白色边框，设置其时长为 2.7s，如图 13.86 所示。

图13.84 点击"踩点"按钮

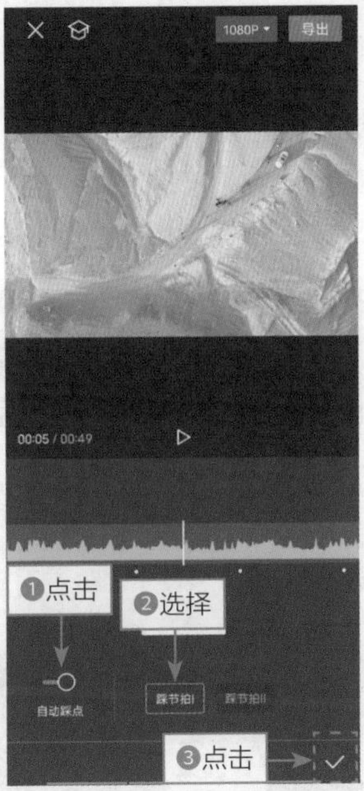

图13.85 点击相应的按钮

图13.86 设置素材时长

步骤 04 ❶选择第 2 段素材；❷点击"变速"按钮，如图 13.87 所示。

步骤 05 在弹出的面板中点击"曲线变速"按钮，如图 13.88 所示。

步骤 06 在"曲线变速"面板中选择"蒙太奇"选项，如图 13.89 所示。

图13.87 点击"变速"按钮

图13.88 点击"曲线变速"按钮

图13.89 选择"蒙太奇"
选项(1)

步骤 07 ❶选择第 3 段素材；❷继续选择"蒙太奇"选项，如图 13.90 所示。

步骤 08 ❶选择第 4 段素材；❷选择"英雄时刻"选项，如图 13.91 所示。剩下的 3 段素材均选择"蒙太奇"曲线变速选项。

步骤 09 设置第 2 段至第 6 段素材的时长为 2.1s，第 7 段素材的时长则为 2.6s，大致对齐卡点音乐素材中的小黄点，如图 13.92 所示。

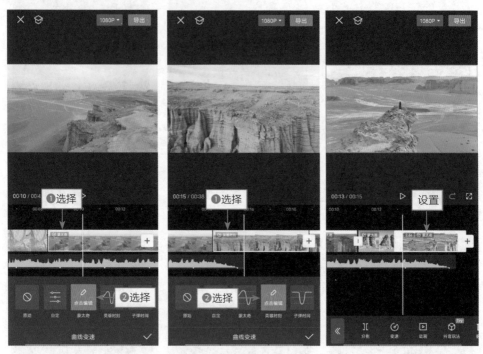

图 13.90 选择"蒙太奇"　　图 13.91 选择"英雄时刻"选项　　图 13.92 设置素材时长
　　　选项（2）

13.2.3 为素材之间设置转场

【效果展示】转场是在有两段以上的素材时才能设置的效果。设置合适的转场效果，可以让视频画面过渡得更加自然些。效果展示如图 13.93 所示。

图 13.93 效果展示

为素材之间设置转场的操作方法如下。

步骤 01 点击第 1 段素材与第 2 段素材之间的"转场"按钮Ⅰ，如图 13.94 所示。

步骤 02 弹出相应的面板，❶切换至"运镜"选项卡；❷选择"推近"转场；❸点击"全局应用"按钮，如图 13.95 所示。

步骤 03 弹出相应的应用提示，可以看到所有素材之间都设置了转场，如图 13.96 所示。

图 13.94 点击"转场"按钮

图 13.95 点击"全局应用"按钮

图 13.96 设置统一的转场效果

▶ 注意

"剪映"中的转场素材十分丰富，其中包括"叠化""运镜""模糊""幻灯片""光效""拍摄""扭曲""故障""分割""自然"和"综艺"等类型的转场素材。

13.2.4 为多段素材进行调色处理

扫一扫，看视频

【效果对比】针对多段素材的调色，可以用"全局应用"按钮统一调色，也可以选择单独的视频进行精准调色。原图与效果图对比如图 13.97 所示。

图13.97 原图与效果图对比

为多段素材进行调色处理的操作方法如下。

步骤 01 ①选择第 1 段视频素材；②点击"滤镜"按钮，如图 13.98 所示。

步骤 02 进入"滤镜"选项卡，①展开"风景"选项区；②选择"橘光"滤镜；③设置参数为 34；④点击"全局应用"按钮，把滤镜效果应用到所有的视频素材中，如图 13.99 所示。

步骤 03 ①切换至"调节"选项卡；②选择"亮度"选项；③设置参数为 6，稍微提升画面的亮度，如图 13.100 所示。

图13.98 点击"滤镜"按钮　　　图13.99 点击"全局应用"　　图13.100 设置"亮度"参数
　　　　　　　　　　　　　　　　　按钮（1）

步骤 04 设置"对比度"参数为 10，增加画面的明暗对比度，如图 13.101 所示。

步骤 05 设置"饱和度"参数为 16，让画面色彩更鲜艳，如图 13.102 所示。

步骤 06 ①设置"色温"参数为 10，让画面偏暖色调；②点击"全局应用"按钮，把调节效果应用到所有的视频素材中，如图 13.103 所示。

图 13.101 设置"对比度"参数

图 13.102 设置"饱和度"参数

图 13.103 点击"全局应用"
按钮(2)

步骤 07 ❶选择第 6 段素材;❷点击"调节"选项,如图 13.104 所示。

步骤 08 设置"色温"参数为 20,让画面偏橙黄一些,如图 13.105 所示。

步骤 09 设置"饱和度"参数为 0,降低色彩饱和度,让画面更自然,如图 13.106
所示。

图 13.104 点击"调节"按钮

图 13.105 设置"色温"参数

图 13.106 设置相应的参数(1)

步骤 **10** 设置"色调"参数为6，为天空边缘增加一点紫色，如图13.107所示。

步骤 **11** ❶选择第7段素材并点击"调节"按钮；❷选择HSL选项，如图13.108所示。

步骤 **12** 进入HSL面板，❶选择"蓝色"选项 ◯；❷设置"色相"参数为-26、"饱和度"参数为35，部分参数如图13.109所示，让画面中蓝色的色彩偏浓烈。

图13.107 设置"色调"参数

图13.108 选择HSL选项

图13.109 设置相应的参数（2）

▶ 注意

在用HSL调色时，需要提前判断视频要调整哪些颜色，再进行选择和调整。

扫一扫，看视频

13.2.5 添加动感炫酷特效

【效果展示】为了让画面变得动感又炫酷，可以为视频添加相应的动感特效，增加画面的亮点。效果展示如图13.110所示。

图13.110 效果展示

添加动感炫酷特效的操作方法如下。

步骤 01 ❶拖曳时间轴至第 3 段素材中间左右的位置；❷依次点击"特效"按钮和"画面特效"按钮，如图 13.111 所示。

步骤 02 弹出相应的面板，❶切换至"动感"选项卡；❷选择"闪黑Ⅱ"特效；❸点击✓按钮确认操作，如图 13.112 所示。

步骤 03 调整"闪黑Ⅱ"特效的时长，使其末尾位置对齐第 3 段素材的末尾位置，如图 13.113 所示。

图 13.111 点击相应的按钮（1）

图 13.112 点击相应的按钮（2）

图 13.113 调整"闪黑Ⅱ"特效的时长

扫一扫，看视频

13.2.6 制作精彩文字片头

【效果展示】一个精彩的片头可以吸引观众，使其对视频产生兴趣。添加合适的文字还能介绍视频主题，让观众把握视频的精华要点。效果展示如图 13.114 所示。

图 13.114 效果展示

制作精彩文字片头的操作方法如下。

步骤 01 在视频的起始位置点击"文字"按钮，如图 13.115 所示。

步骤 02 在弹出的二级工具栏中点击"新建文本"按钮，如图 13.116 所示。

步骤 03 ❶输入文字内容；❷在"书法"选项区中选择合适的字体，如图 13.117 所示。

图 13.115 点击"文字"按钮　　图 13.116 点击"新建文本"按钮　　图 13.117 选择合适的字体

步骤 04 ❶切换至"样式"选项卡；❷选择黑色色块；❸调整文字的位置，使其处于画面的右上角，如图 13.118 所示。

步骤 05 ❶切换至"动画"选项卡；❷选择"向上弹入"入场动画，如图 13.119 所示。

步骤 06 ❶展开"出场"选项区；❷选择"右上弹出"动画，如图 13.120 所示。

步骤 07 点击 ✓ 按钮确认操作，❶调整文字的时长，使其对齐第 1 段素材的末尾位置；❷在视频 1s 左右的位置点击 ◇ 按钮添加关键帧，如图 13.121 所示。

步骤 08 ❶拖曳时间轴至视频 2s 左右的位置；❷微微放大文字并调整其位置，如图 13.122 所示。

步骤 09 在入场动画结束的位置点击"添加贴纸"按钮，如图 13.123 所示。

图 13.118 调整文字的位置　图 13.119 选择"向上弹入"入场动画　图 13.120 选择"右上弹出"动画

图 13.121 添加关键帧　图 13.122 调整文字的大小和位置　图 13.123 点击"添加贴纸"按钮

步骤 10 ❶输入并搜索"箭头";❷选择一款贴纸,如图 13.124 所示。

步骤 11 ❶调整贴纸的时长;❷点击"镜像"按钮翻转画面;❸调整贴纸的大小和位置,使其处于文字的下面,如图 13.125 所示。

图13.124 选择一款贴纸

图13.125 调整贴纸的大小和位置

扫一扫，看视频

13.2.7 制作求关注片尾效果

【效果展示】在视频结束时，可以制作求关注片尾效果，展示视频发布者的头像、提示观众关注作者，从而用视频进行引流。效果展示如图13.126所示。

图13.126 效果展示

制作求关注片尾效果的操作方法如下。

步骤 01 在第7段素材的末尾位置点击＋按钮，如图13.127所示。

步骤 02 ❶在"照片"选项区中选择头像素材；❷选中"高清"单选按钮，如图13.128所示。

步骤 03 ❶切换至"素材库"选项卡；❷在"热门"选项区中选择黑场素材；❸点击"添加"按钮，如图13.129所示。

图13.127 点击相应按钮（1）

图13.128 选中"高清"单选按钮

图13.129 点击"添加"按钮

步骤 04 ❶选择头像素材；❷点击"切画中画"按钮，把素材切换至画中画轨道中，如图 13.130 所示。

步骤 05 点击"新增画中画"按钮，如图 13.131 所示。

步骤 06 ❶在"视频"选项区中选择片尾绿幕素材；❷选中"高清"单选按钮；❸点击"添加"按钮，添加绿幕素材，如图 13.132 所示。

图13.130 点击"切画中画"
按钮

图13.131 点击"新增画中画"
按钮

图13.132 点击"添加"按钮

步骤 07 ❶调整绿幕素材的画面大小；❷依次点击"抠像"按钮和"色度抠图"按钮，如图 13.133 所示。

步骤 08 拖曳取色器圆环，在画面中取样绿幕的颜色，如图 13.134 所示。

步骤 09 ❶选择"强度"选项；❷设置参数为 100，抠除绿幕，如图 13.135 所示。

图 13.133 点击相应按钮（2）

图 13.134 取样绿幕的颜色

图 13.135 设置"强度"参数

步骤 10 ❶选择"阴影"选项；❷设置参数为 50，增加边缘阴影，如图 13.136 所示。

步骤 11 ❶选择头像素材；❷微微调整其位置，让人物居中，如图 13.137 所示。

步骤 12 在头像素材的起始位置点击"文字"按钮，如图 13.138 所示。

步骤 13 在弹出的二级工具栏中点击"文字模板"按钮，如图 13.139 所示。

步骤 14 ❶展开"互动引导"选项区；❷选择一款文字模板；❸调整文字的大小和位置，如图 13.140 所示，引导观众在看完视频之后关注视频发布者。

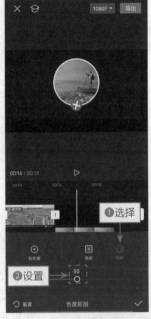

图 13.136 设置"阴影"参数

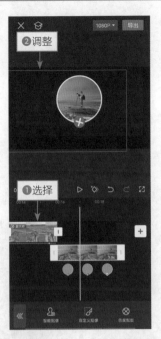

图 13.137 调整头像素材的位置

图 13.138 点击"文字"按钮

图 13.139 点击"文字模板"按钮

图 13.140 调整文字的大小和位置

第 **14** 章

"剪映"电脑版：将单个与多个视频剪辑为成品

在"剪映"电脑版中剪辑和制作视频非常方便，因为界面比手机版要大些，用户可以导入大量的照片和视频素材进行加工，有些功能也会比"剪映"手机版更加专业化。本章主要介绍在"剪映"电脑版中进行单个视频和多个素材(如多个视频、照片)综合剪辑的内容。希望读者通过本章的学习，可以熟练掌握在"剪映"电脑版中剪辑视频的核心技巧，制作出专业感十足的电影级航拍视频。

14.1 单个视频的制作流程

我们可以在"剪映"电脑版中处理视频，再将视频导出和保存。本节将介绍在"剪映"电脑版中单个视频的制作流程。本案例的最终视频效果如图 14.1 所示。

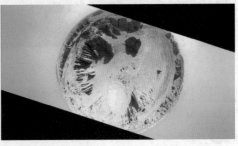

图14.1 最终视频效果

14.1.1 导入航拍素材

扫一扫，看视频

【效果展示】在"剪映"电脑版中剪辑视频的第一步就是导入航拍素材，这样才能进行后续的操作和处理。效果展示如图 14.2 所示。

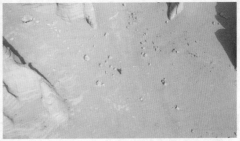

图14.2 效果展示

导入航拍素材的操作方法如下。

步骤 01 打开"剪映"电脑版，在首页单击"开始创作"按钮，如图 14.3 所示。

步骤 02 进入"媒体"功能区，在"本地"选项卡中单击"导入"按钮，如图 14.4 所示。

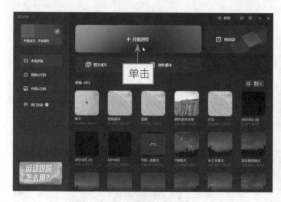

图14.3 单击"开始创作"按钮

图14.4 单击"导入"按钮

步骤 03 ❶在弹出的"请选择媒体资源"对话框中选择视频素材；❷单击"打开"按钮，如图14.5所示。

步骤 04 单击视频素材右下角的"添加到轨道"按钮，如图14.6所示。

图14.5 单击"打开"按钮

图14.6 单击"添加到轨道"按钮

步骤 05 把视频素材添加到视频轨道中，如图14.7所示。

图14.7 把视频素材添加到视频轨道中

扫一扫, 看视频

14.1.2 为视频进行调色

【效果对比】对于橙色和蓝色色彩占比比较大的视频, 可以添加影视级滤镜并调出青橙色调, 让画面色彩感更强。原图与效果图对比如图 14.8 所示。

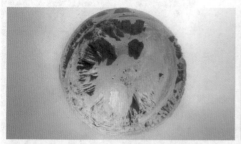
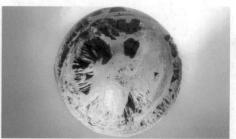

图14.8 原因与效果图对比

为视频进行调色的操作方法如下。

步骤 01 ❶单击 "滤镜" 按钮, 进入 "滤镜" 功能区; ❷切换至 "影视级" 选项卡; ❸单击 "青橙" 滤镜右下角的 "添加到轨道" 按钮█, 添加滤镜进行初步调色, 如图 14.9 所示。

步骤 02 ❶调整 "青橙" 滤镜的时长, 对齐视频时长; ❷选择视频素材, 如图 14.10 所示。

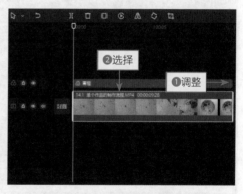

图14.9 单击 "添加到轨道" 按钮 　　　　　　图14.10 选择视频素材

步骤 03 ❶单击 "调节" 按钮, 进入 "调节" 操作区; ❷设置 "色温" 参数为 5、"色调" 参数为 5、"饱和度" 参数为 7、"亮度" 参数为 5、"对比度" 参数为 11, 调整视频画面的色彩和明度, 如图 14.11 所示。

> ▶ 注意
>
> 　　调整 "色温" "色调" 和 "饱和度" 参数, 可以调整画面的色彩, 使其偏蓝、偏黄、偏绿或者偏紫色, 也就是使画面偏暖色调或者偏冷色调, 还能使色彩变暗淡或者更鲜艳些。
> 　　调整 "亮度" "对比度" "高光" "阴影" 和 "光感" 参数, 则可以调整画面的明度。

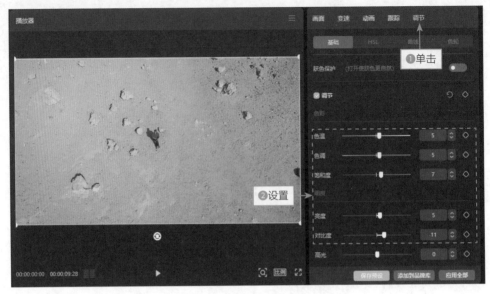

图 14.11 设置相应的参数（1）

步骤 04 ❶切换至 HSL 选项卡；❷选择"橙色"选项 ◯；❸设置"色相"参数为 -17、"饱和度"参数为 22，让橙色物体的色彩更加鲜艳，如图 14.12 所示。

图 14.12 设置相应的参数（2）

步骤 05 ❶选择"蓝色"选项 ◯；❷设置"色相"参数为 -8、"饱和度"参数为 17，再增强青蓝色，让青橙色彩对比更明显，如图 14.13 所示。

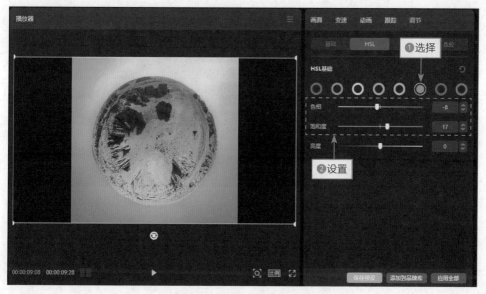

图 14.13　设置相应的参数（3）

14.1.3　添加抖音收藏中的音乐

扫一扫，看视频

【效果展示】"抖音"和"剪映"都是字节跳动旗下的软件，账号也是互通的。在两款软件中登录同一个抖音账号，就可以在"剪映"中添加抖音收藏的音乐。效果展示如图 14.14 所示。

图 14.14　效果展示

添加抖音收藏中音乐的操作方法如下。

步骤 01 ❶在视频起始位置单击"音频"按钮进入"音频"功能区；❷切换至"抖音收藏"选项卡；❸单击所选音乐右下角的"添加到轨道"按钮　，添加音乐，如图 14.15 所示。

步骤 02 ❶拖曳时间指示器至视频的末尾位置；❷单击"分割"按钮　，如图 14.16 所示。

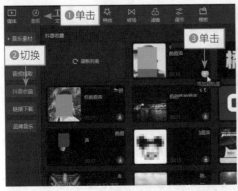

图14.15 单击"添加到轨道"按钮　　　　　　图14.16 单击"分割"按钮

步骤 03 分割音频之后，默认选择分割后的第2段音频素材，单击"删除"按钮 🗑，如图 14.17 所示。

步骤 04 删除多余的音频素材，只留下想要的音乐片段，如图 14.18 所示。

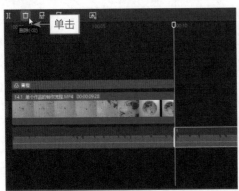

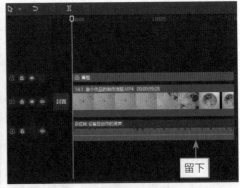

图14.17 单击"删除"按钮　　　　　　　图14.18 删除多余的音频素材

▶ **注意**

　　背景音乐是航拍视频中必不可少的，它能为视频增加亮点。在"剪映"电脑版中有多种添加音乐的方式，如从"剪映"曲库中添加或者从其他视频中添加，还能收藏"剪映"曲库中的音乐。

扫一扫，看视频

14.1.4　添加开场和闭幕特效

【效果展示】在视频开场的时候，添加一些特效，能让观众在观看视频时迅速集中注意力；在视频结束时，也可以添加特效，使视频圆满结束。效果展示如图 14.19 所示。

图 14.19 效果展示

添加开场和闭幕特效的操作方法如下。

步骤 01 ❶在视频起始位置单击"特效"按钮进入"特效"功能区；❷在"画面特效"选项卡中展开"动感"选项区；❸单击"心跳"特效右下角的"添加到轨道"按钮➕，如图 14.20 所示，添加开场特效。

步骤 02 调整"心跳"特效的时长，使其末尾位置处于视频 1s 的位置，如图 14.21 所示。

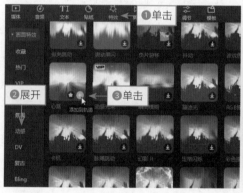

图 14.20 单击"添加到轨道"按钮（1）

图 14.21 调整"心跳"特效的时长

步骤 03 ❶在视频 7s 的位置展开"基础"选项区；❷单击"横向闭幕"特效右下角的"添加到轨道"按钮➕，如图 14.22 所示，添加闭幕特效。

步骤 04 调整"横向闭幕"特效的末尾位置，使其对齐视频的末尾位置，如图 14.23 所示。

图14.22 单击"添加到轨道"按钮（2）

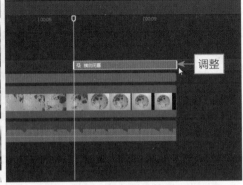

图14.23 调整"横向闭幕"特效的末尾位置

14.1.5 添加主题文字

【效果展示】为航拍视频添加主题文字，可以让观众快速看懂视频所要传递的内容。在添加主题文字时，可以在"剪映"电脑版中套用文字模板。效果展示如图14.24所示。

图14.24 效果展示

添加主题文字的操作方法如下。

步骤 01 拖曳时间指示器至"心跳"特效的末尾位置，如图14.25所示。

步骤 02 ❶单击"文本"按钮，进入"文本"功能区；❷在"文字模板"选项卡中展开"运动"选项区；❸单击所选文字模板右下角的"添加到轨道"按钮 ，如图14.26所示。

步骤 03 ❶在"文本"操作区中更改文字内容；❷调整文字大小和位置，如图14.27所示。

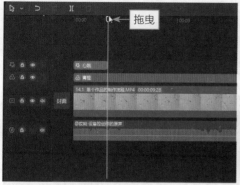

图 14.25 拖曳时间指示器至"心跳"特效的末尾位置

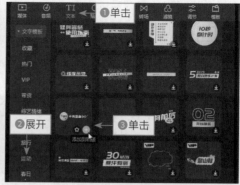

图 14.26 单击"添加到轨道"按钮

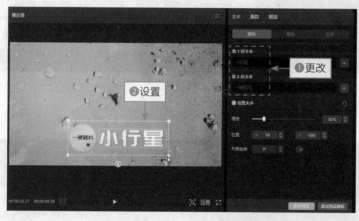

图 14.27 调整文字的大小和位置

14.1.6 导出并分享视频

扫一扫，看视频

【效果展示】在"剪映"电脑版中导出视频时，可以设置封面、更改作品名称、设置保存路径、设置相应的帧率等参数；导出后可以将视频分享至抖音或西瓜视频中。效果展示如图 14.28 所示。

图 14.28 效果展示

导出并分享视频的操作方法如下。

步骤 01 在视频轨道中单击"封面"按钮，如图 14.29 所示。

步骤 02 ❶在"封面选择"对话框中选择封面；❷单击"去编辑"按钮，如图 14.30 所示。

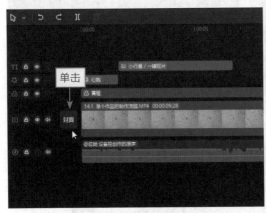

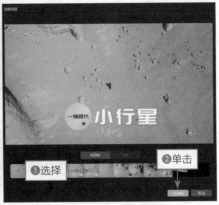

图 14.29 单击"封面"按钮　　　　　　　　图 14.30 单击"去编辑"按钮

步骤 03 在"封面设计"对话框中单击"完成设置"按钮，如图 14.31 所示。

图 14.31 单击"完成设置"按钮

步骤 04 设置封面之后，单击右上角的"导出"按钮，如图 14.32 所示。

步骤 05 ❶输入"作品名称"；❷单击"导出至"右侧的 ▇ 按钮，设置视频保存路径；❸单击"导出"按钮，如图 14.33 所示。

步骤 06 在"导出"对话框中可以查看视频导出的进度，如图 14.34 所示。

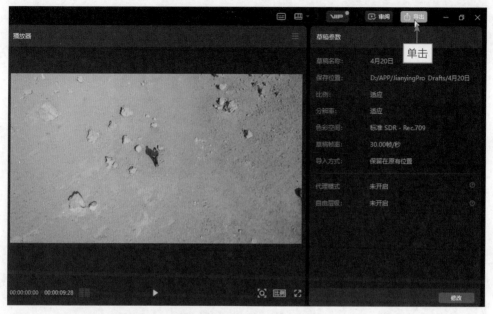

图 14.32 单击"导出"按钮(1)

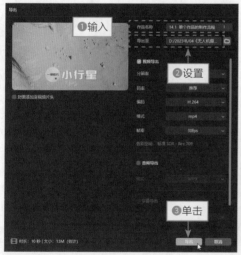

图 14.33 单击"导出"按钮(2)

图 14.34 查看视频导出的进度

步骤 07 导出完成后，可以把视频分享至"抖音"或"西瓜视频"；如果不分享，直接单击"关闭"按钮，如图 14.35 所示。

图14.35 单击"关闭"按钮

14.2 多个素材的剪辑流程

"剪映"电脑版比"剪映"手机版更专业些，也能处理更多的素材。本节将介绍多个素材的剪辑流程。本案例的最终视频效果如图14.36所示。

图14.36 最终视频效果

14.2.1 导入照片和视频素材

扫一扫，看视频

【效果展示】在"剪映"电脑版中剪辑多个素材时，首先就需要把多个照片和视频素材都导入至"剪映"电脑版中。效果展示如图14.37所示。

图14.37 效果展示

导入多个照片和视频素材的操作方法如下。

步骤 01 打开"剪映"电脑版，在"本地"选项卡中单击"导入"按钮，如图 14.38 所示。

步骤 02 ❶ 在弹出的对话框中全选航拍视频；❷ 单击"打开"按钮，如图 14.39 所示。

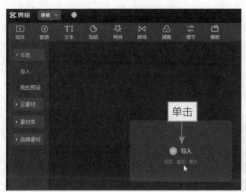

图14.38 单击"导入"按钮（1）

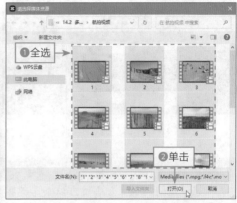

图14.39 单击"打开"按钮（1）

步骤 03 把航拍视频素材导入到"本地"选项卡中后，单击素材上方的"导入"按钮，如图 14.40 所示。

步骤 04 ❶ 在弹出的对话框中全选所有照片素材；❷ 单击"打开"按钮，如图 14.41 所示。

图14.40 单击"导入"按钮（2）

图14.41 单击"打开"按钮（2）

步骤 05 把照片素材导入到"本地"选项卡中后，再单击素材上方的"导入"按钮，如图 14.42 所示。

步骤 06 ❶ 按 Ctrl 键依次选择剩下的 3 段素材；❷ 单击"打开"按钮，如图 14.43 所示，即可把所有的照片和视频素材导入到"剪映"电脑版中。

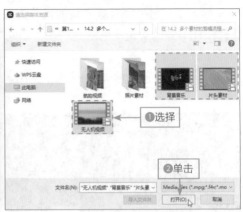

图14.42 单击"导入"按钮（3）　　　　　　图14.43 单击"打开"按钮（3）

扫一扫，看视频

▶ 注意

　　按【Ctrl＋A】组合键可以全选所有素材；按【Ctrl＋C】组合键可以复制素材；按【Ctrl＋V】组合键可以粘贴素材；按【Ctrl＋Z】组合键可以撤回上一步的操作。

14.2.2　添加片头和音效

【效果展示】添加片头和音效可以介绍视频的主题、作者，并吸引观众继续观看视频，让视频更加完整。效果展示如图14.44所示。

图14.44 效果对比

　　添加片头和音效的操作方法如下。

步骤 01 将鼠标指针移至片头素材右下角的位置，单击"添加到轨道"按钮，如图14.45所示，把片头素材添加到视频轨道中。

步骤 02 拖曳时间指示器至视频00:00:06:09的位置，如图14.46所示。

步骤 03 ❶单击"音频"按钮，进入"音频"功能区；❷切换至"音频素材"选项卡；❸输入并搜索"粒子"；❹单击"粒子消散声"音效右下角的"添加到轨道"按钮，如图14.47所示。

步骤 04 调整"粒子消散声"音效，使其对齐视频末尾位置，如图14.48所示。

图 14.45 单击"添加到轨道"按钮（1）

图 14.46 拖曳时间指示器至相应的位置

图 14.47 单击"添加到轨道"按钮（2）

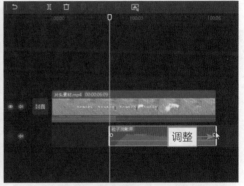

图 14.48 调整音效的末尾位置

扫一扫，看视频

14.2.3 添加视频中的音乐

【效果展示】运用"分离音频"功能，可以把其他视频中的音乐分离出来，然后把视频删除，将音乐为自己所用。效果展示如图 14.49 所示。

图 14.49 效果展示

提取视频中音乐的操作方法如下。

步骤 01 把背景音乐素材拖曳至视频轨道中，并在视频上右击，如图 14.50 所示。

步骤 02 在弹出的快捷菜单中选择"分离音频"命令，如图 14.51 所示。

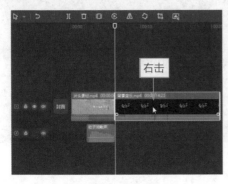

图 14.50 在视频上右击

图 14.51 选择"分离音频"命令

步骤 03 把背景音乐分离出来后，选择视频，单击"删除"按钮，删除视频素材，如图 14.52 所示。

步骤 04 在片头素材的最后，将无人机视频拖曳到视频轨道中，如图 14.53 所示。

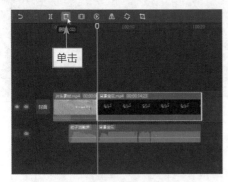

图 14.52 单击"删除"按钮

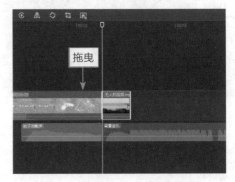

图 14.53 将无人机视频拖曳视频轨道中

▶ 注意

除了运用"分离音频"功能提取视频中的音乐，还可以用"音频"功能区中的"音频提取"功能添加视频中的音乐。

14.2.4 制作照片墙效果

【效果展示】多个照片素材可以在"剪映"电脑版中被制作成照片墙的效果，让照片一张张地平铺在白场画面中，效果非常震撼，但是照片素材的尺寸需要提前设置好。本案例中所有照片素材尺寸都是 16:9，一共 16 张照片素材。效果展示如图 14.54 所示。

图14.54 效果展示

制作照片墙效果的操作方法如下。

步骤 01 在无人机视频后面的位置，❶切换至"素材库"选项卡；❷在"热门"选项区中单击白场素材右下角的"添加到轨道"按钮，如图 14.55 所示。

步骤 02 将白场素材添加到视频轨道中，并设置其时长为 00:00:03:16，对齐相应的卡点音乐，如图 14.56 所示。

图14.55 单击"添加到轨道"按钮（1）

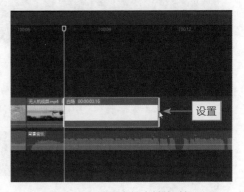

图14.56 设置白场素材的时长

步骤 03 拖曳第 1 张照片素材至画中画轨道中，并调整其时长，使其时长与白场素材的时长等长，如图 14.57 所示。

步骤 04 在第 1 张照片素材后面一点的位置，拖曳第 2 张照片素材至第 2 条画中画轨道中，并调整其时长，如图 14.58 所示。

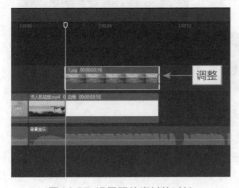

图14.57 设置照片素材的时长

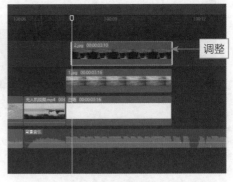

图14.58 调整第 2 张照片素材的时长

步骤 05 选择第 1 条画中画轨道中的照片素材，调整其大小和位置，使其处于画面的左上角，"位置大小"参数如图 14.59 所示。

图14.59 调整照片素材的大小和位置

步骤 06 ❶单击"动画"按钮，进入"动画"操作区；❷选择"轻微放大"入场动画；❸设置"动画时长"为 0.2s，如图 14.60 所示。

图14.60 设置"动画时长"

步骤 07 选择第 2 条画中画轨道的照片素材，通过设置"位置大小"参数调整其大小和位置，并添加"轻微放大"入场动画和设置"动画时长"参数为 0.2s，如图 14.61 所示。

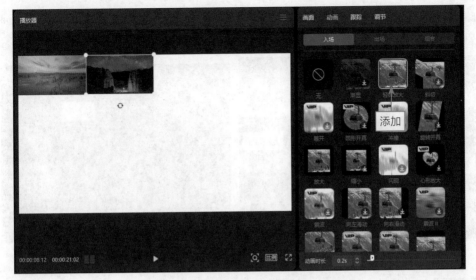

图14.61 添加动画和设置"动画时长"参数

步骤 **08** 用与上面同样的方法，每隔0.2s左右的时间，将剩下的 14 段照片素材添加到相应的画中画轨道中，并通过设置"位置大小"参数调整其大小和位置。除了最后一段照片素材，其他都需要添加"轻微放大"入场动画和设置"动画时长"参数为 0.2s，如图 14.62 所示。

图14.62 为照片素材进行相应的设置

步骤 **09** ❶在视频起始位置单击"特效"按钮，进入"特效"功能区；❷展开"动感"选项区；❸单击"灵魂出窍"特效右下角的"添加到轨道"按钮，如图 14.63 所示，调整"灵魂出窍"特效的时长为 00:00:00:15。

步骤 10 调整"灵魂出窍"特效的位置，使其对齐白场素材的起始位置，如图 14.64 所示。

图14.63 单击"添加到轨道"按钮（2）

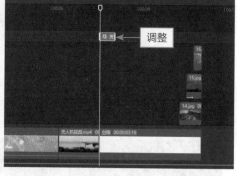

图14.64 调整"灵魂出窍"特效的位置

步骤 11 按【Ctrl＋C】组合键复制特效，❶拖曳时间指示器至"灵魂出窍"特效的后面位置；❷按【Ctrl＋V】组合键粘贴特效，如图 14.65 所示。

步骤 12 继续拖曳时间指示器至相应的位置，并按【Ctrl＋V】组合键依次粘贴5段"灵魂出窍"特效，如图 14.66 所示。

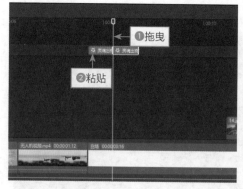

图14.65 粘贴特效

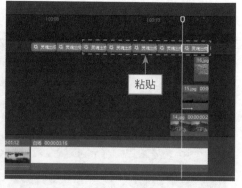

图14.66 依次粘贴5段"灵魂出窍"特效

14.2.5 识别语音字幕

【效果展示】如果音频中有人声，且言语清晰，就可以用"智能字幕"功能把声音识别成字幕，后期再添加相应的文字效果。效果展示如图 14.67 所示。

识别语音字幕的操作方法如下。

步骤 01 ❶选择音频素材；❷拖曳时间指示器到白场素材的末尾位置；❸单击"分割"按钮 ⅠⅠ，分割音频素材，如图 14.68 所示。

图14.67 效果展示

步骤 02 在视频 00:00:13:24 的位置继续单击"分割"按钮 ⅠⅠ，分割音频素材并选择分离出来的人声音频片段，如图 14.69 所示。

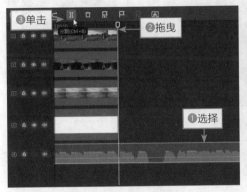

图14.68 单击"分割"按钮（1）　　　　图14.69 单击"分割"按钮（2）

步骤 03 ❶单击"文本"按钮，进入"文本"功能区；❷切换至"智能字幕"选项卡；❸单击"识别字幕"选项中的"开始识别"按钮，如图 14.70 所示。

步骤 04 识别出字幕后，在视频 12s 处单击"分割"按钮 ⅠⅠ，将字幕分割为两段，如图 14.71 所示。

图14.70 单击"开始识别"按钮　　　　图14.71 单击"分割"按钮（3）

233

步骤 05 选择第 1 段字幕文本，微微调整其轨道位置，❶ 在 "文本" 操作区中更改文字内容；❷ 设置合适的字体；❸ 调整文字的位置；❹ 设置 "字号" 参数为 10，放大文字，如图 14.72 所示。

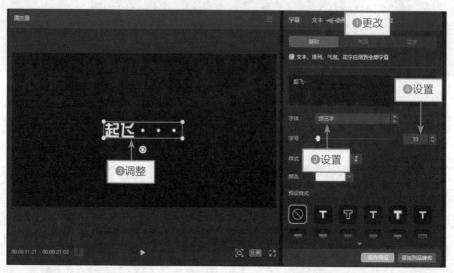

图 14.72 更改文字内容和位置及设置 "字体" "字号" 参数

步骤 06 ❶ 单击 "动画" 按钮，进入 "动画" 操作区；❷ 选择 "缩小" 入场动画，如图 14.73 所示。

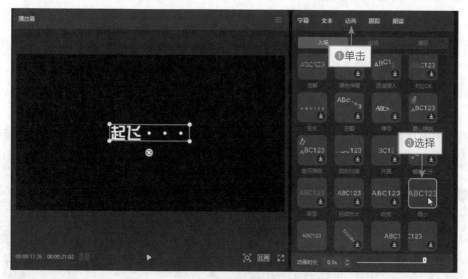

图 14.73 选择 "缩小" 入场动画

步骤 07 选择第 2 段字幕文本，更改文字内容并添加 "缩小" 入场动画，如图 14.74 所示。

图 14.74 添加"缩小"入场动画

14.2.6 添加多段航拍视频

【效果展示】在字幕的后面根据卡点音乐，可以添加多段航拍视频，使其音画统一，让视频整体具有节奏感，效果更炫酷。效果展示如图 14.75 所示。

图 14.75 效果展示

添加多段航拍视频的操作方法如下。

步骤 01 在"素材库"选项卡中选择黑场素材，拖曳其至视频轨道中，如图 14.76 所示。

步骤 02 ❶调整其时长，使其对齐人声音频的时长；❷拖曳时间指示器至人声音频的末尾位置，如图 14.77 所示。

步骤 03 ❶切换至"本地"选项卡；❷按住 Shift 键按顺序选择所有的航拍视频；❸单击第 1 段视频右下角的"添加到轨道"按钮▇，如图 14.78 所示。

步骤 04 将航拍视频依次添加到视频轨道中，选择第 2 段航拍视频素材，如图 14.79 所示。

图 14.76 选择黑场素材

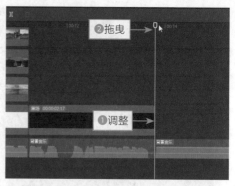

图 14.77 拖曳时间指示器至相应的位置

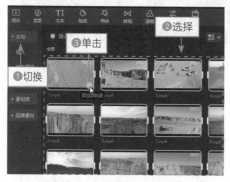

图 14.78 单击"添加到轨道"按钮

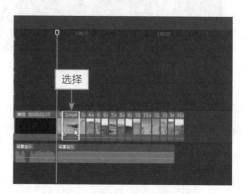

图 14.79 选择第 2 段航拍视频素材

步骤 05 ❶单击"变速"按钮，进入"变速"操作区；❷设置"倍数"参数为 2.0x，加快第 2 段航拍视频的播放速度，如图 14.80 所示。

图 14.80 设置"倍数"参数

附录

大疆 Mavic 2 与大疆 Mavic 3 的对比说明

鉴于部分读者用户使用的是大疆 Mavic 2 系列的无人机,有的则是使用大疆 Mavic 3 系列的无人机,为了方便读者学习,在这里,笔者将两者的共性与区别作一个说明,为用户提供更多的选择。

根据笔者的实际使用经验,大疆 Mavic 2 与大疆 Mavic 3 的共性有以下五个。

(1)飞行中的注意事项是一样的。无论是飞行哪一款无人机,在飞行前、飞行时及飞行后所要注意的事项都是大同小异的。顺利起飞、安全飞行和平稳降落是每个飞手都要做到的基本操作。

(2)取景构图的技巧是一致的。对比摄影人而言,把无人机飞到高空中的主要目的还是拍摄,无论是拍照片还是拍视频,学会取景构图可以让图像画面更有高级感,航拍出极具艺术感的大片。

(3)飞行动作和智能模式是相通的。在飞行无人机时,书中所列举的教学的飞行动作和智能飞行模式在大疆 Mavic 2 和大疆 Mavic 3 中都是相通的。用户只要掌握了这些飞行要领,就可以驾驭任何一款无人机。

(4)后期处理的方法是相同的。无论是用大疆 Mavic 2 还是大疆 Mavic 3,在拍摄完照片和视频之后,都需要对素材进行一定的后期处理;无论是用计算机还是用手机处理素材,书中都有详细的介绍和教学,让你便捷又快速地制作出大片。

(5)大疆 Mavic 2 与大疆 Mavic 3 的用户有部分重合。基于大疆 Mavic 2 的用户多于大疆 Mavic 3,本书写作以大疆 Mavic 2 为主做介绍。此处对比说明更是为了照顾到两种机型的用户,让读者既可以了解和学习大疆 Mavic 2 的飞行,又能升级与学习大疆 Mavic 3 的新功能,这样同时掌握两种无人机的共性与区别。

大疆 Mavic 2 与大疆 Mavic 3 的主要区别有以下三个。

（1）界面功能的变化。大疆 Mavic 2 所使用的 DJI GO 4 App，其功能和模式主要集中在界面的左侧；大疆 Mavic 3 所使用的 DJI Fly App，其功能和模式则主要集中在界面的右侧，但是大部分的功能没有很大的差别。

（2）电池续航的差别。大疆 Mavic 2 的电池容量为 3850mA，最大飞行时间为 31min；大疆 Mavic 3 的电池容量为 5000mA，最大飞行时间为 46min。

（3）镜头变焦差别。大疆 Mavic 3 增加了 7 倍变焦，但在 3 ～ 4 倍之间焦距下的画质会相对好一些。

其他功能与界面的区别如下。

1. 功能参数对比

目前，大疆御系列的无人机已更新到御 3 版本，也就是大疆 Mavic 3。下面将介绍大疆 Mavic 2 与大疆 Mavic 3 的对比说明，如表 1 所示。

表 1　大疆 Mavic 2 与大疆 Mavic 3 的对比说明

规格参数	大疆 Mavic 2	大疆 Mavic 3
外观		
重量	907g	899g（大师版 Cine） 895g（标准版）
尺寸（折叠 / 展开）(长 × 宽 × 高)/（mm×mm×mm）	折叠（不含螺旋桨） 212.86 × 99.83 × 93.04 展开（不含螺旋桨） 319.55 × 256.46 × 90.5	折叠（不含螺旋桨） 212 × 96.3 × 90.3 展开（不含螺旋桨） 347.5 × 283 × 107.7
轴距 /mm	对角线：353.66	对角线：380.1
最大上升速度 /(m/s)	5（S 模式） 4（P 模式）	6（P 模式） 8（S 模式）
最大下降速度 /(m/s)	3（S 模式） 3（P 模式）	6（P 模式） 6（S 模式）
最大飞行速度（接近海平面，无风）/(m/s)	20（S 模式）	21（S 模式）
最大飞行海拔高度 /m	5000	6000
最大飞行时间（无风）/min	31	46
最大悬停时间（无风）/min	29	40
最大风速阻力 /(m/s)	8 ～ 10.7	10.8 ～ 13.8
最大倾斜角度	35°（S 模式） 15°（P 模式）	35°（S 模式） 30°（P 模式）

规格参数	大疆 Mavic 2	大疆 Mavic 3
悬停精度范围 /m	垂直：±0.1（带视觉定位）； ±0.5（带 GPS 定位） 水平：±0.3（带视觉定位）； ±1.5（带 GPS 定位）	垂直：±0.1（带视觉定位）； ±0.5（带 GPS 定位） 水平：±0.3（带视觉定位）； ±0.5（带 GPS 定位）
工作温度 /℃	−10 ~ 40（14° ~ 104° F）	−10 ~ 40（14° ~ 104° F）
全球导航卫星系统	GPS + GLONASS	GPS +伽利略+北斗
传感器	1 英寸 CMOS，有效像素：20MP	4/3CMOS，有效像素：20MP
镜片 / (°)	FOV：77 等效格式：28mm 光圈：f/2.8 至 f/11 对焦：1m ~ ∞（带自动对焦）	FOV：84 等效格式：24mm 光圈：f/2.8 至 f/11 对焦：1m ~ ∞（带自动对焦）
最大图像尺寸 / 像素	5472×3648	哈苏相机：5280×3956 长焦相机：4000×3000
静态摄影模式	单拍：20MP 连拍：3/5 包围帧 定时：2/3/5/7/10/15/20/30/60s RAW：5/7/10/15/20/30/60s	单次拍摄：20MP 自动包围曝光（AEB）：20MP， 0.7EV 下的 3/5 包围帧 定时：20MP 2/3/5/7/10/15/20/30/60s
视频分辨率	100Mbps	H.264/H.265 比特率：H.264 Max 200Mbps，H.265 Max 140Mbps
视频格式	MP4/MOV（MPEG-4 AVC/ H.264、HEVC/H.265）	Mavic 3：MP4/MOV（MPEG-4 AVC/H.264, HEVC/H.265） Mavic 3 Cine：MP4/ MOV(MPEG-4 AVC/ H.264,HEVC/H.265)；MOV （Apple ProRes 422 HQ）
机械范围	倾斜：−135° ~ 45° 平移：−100° ~ 100°	倾斜：−135° ~ 100° 滚动：−45° ~ 45° 平移：−27° ~ 27°
可控范围	倾斜：−90° ~ 30° 平移：−75° ~ 75°	倾斜：−90° ~ 35° 平移：−5° ~ 5°
最大控制速度（倾斜）/s	120°	100°
传感系统	全方位障碍物感应（前、后、下 双目视觉、左右单眼视觉、上、 下红外感应系统）	全方位障碍物感应（前、后、左、 右、上、下双目视觉，单目视觉 和向下红外感应系统）
最大传输距离（无障碍、无 干扰、与控制器对齐）	2.400 ~ 2.483GHz； 5.725 ~ 5.850GHz FCC：10km CE：6km SRRC：6km MIC：5km	2.400 ~ 2.483GHz； 5.725 ~ 5.850GHz FCC：15km CE：12km SRRC：8km MIC：8km

续表

规格参数	大疆 Mavic 2	大疆 Mavic 3
视频传输系统	OcuSync 2.0	O3+
远摄镜头传感器	不适用	1/2 英寸 CMOS
内部存储器 /GB	8	8
最大下载比特率	40Mbps/s	SDR：5.5MB/s（带 RC-N1 遥控器）； 15MB/s（使用 DJI RC Pro） Wi-Fi 6：80MB/s
操作频率 /GHz	2.400 ~ 2.483 5.725 ~ 5.850	2.400 ~ 2.4835 5.725 ~ 5.850
天线	2 根天线，1T2R	4 根天线，2T4R
电池容量 /mA	3850	5000
电池重量 /g	297	335.5
充电温度 /℃	5 ~ 40（41° ~ 104° F）	5 ~ 40（41° ~ 104° F）
充电器输入	100 ~ 240V，50/60Hz，1.8A	100 ~ 240V，47-63Hz，2.0A
USB-A 端口	USB 端口：5V⩵2A	USB-A：5V⩵2A
充电管家额定功率 /W	60	65
充电管家充电类型	4 节电池依次充电	3 节电池依次充电
车充输入	汽车电源输入： 12.7V ~ 16V⩵10Amax	车载电源输入： 12.7V ~ 16V⩵6.5A，额定电压 14VDC
车充额定功率 /W	80	65
支持的 SD 卡	支持容量高达 128GB 的 microSD 卡，传输速度为 UHS-I Speed Grade 3	SDXC 或 UHS-I microSD 卡，容 量高达 2TB
遥控器传输系统	Ocu Sync 2.0	Ocu Sync 2.0
电池寿命	充满电可续航约 2.5h	未给移动设备充电情况下：6h 给移动设备充电情况下：4h
支持的 USB 端口类型	Lighting、Micro-USB、USB Type-C	Lighting、Micro-USB、USB Type-C

2. 飞行界面对比

　　大疆 Mavic 2 所适用的飞行 App 与大疆 Mavic 3 所适用的飞行 App 也有所区别。大疆 Mavic 2 可连接 DJI GO 4 App，而大疆 Mavic 3 连接的是 DJI Fly App。下面将介绍这两款软件的飞行界面的区别。

　　（1）下面详细介绍 DJI GO 4 App 图传飞行界面中的各按钮含义及功能。

DJI GO 4 App无人机图传飞行界面

❶ "主界面"按钮 **dji**：点击该按钮，将返回 DJI GO 4 App 的主界面。

❷ "飞行器状态提示栏"图标 飞行中（GPS）：在该状态栏中显示了飞行器的飞行状态，如果无人机处于飞行中，则显示"飞行中"；如果处于准备起飞状态，则显示"起飞准备完毕"。

❸ "飞行模式"按钮 Position：显示了当前的飞行模式。点击该按钮，将进入"飞控参数设置"界面，在其中可以设置飞行器的返航点、返航高度以及新手模式等。用户还可以切换 3 种飞行模式，如 S 模式、P 模式以及 T 模式，上下滑动屏幕可以进行相关设置。

❹ "GPS 状态"按钮：该按钮用于显示 GPS 信号的强弱，如果其只有一格信号，则说明当前 GPS 信号非常弱，此时若强制起飞，则会有炸机和丢机的风险；如果显示五格信号，则对说明当前 GPS 信号非常强，用户可以放心在户外起飞无人机设备。

❺ "障碍物感知功能状态"按钮：该按钮用于显示当前飞行器的障碍物感知功能是否能正常工作，点击该按钮，将进入"感知设置"界面，在其中可以设置无人机的感知系统、雷达图以及辅助照明等。

❻ "遥控链路信号质量"按钮：该按钮显示遥控器与飞行器之间遥控信号的质量。如果其只有一格信号，则说明当前信号非常弱；如果显示五格信号，对说明当前信号非常强。点击该图标，就可以进入"遥控器功能设置"界面。

❼ "高清图传链路信号质量"按钮 **HD**：该按钮显示飞行器与遥控器之间高清图传链路信号的质量。如果信号质量高，则飞行界面中的图传画面稳定、清晰；

如果信号质量差，则可能会出现画面卡顿，或者手机屏幕上的图传画面出现中断的情况。

⑧ "电池设置"按钮 70%：用于实时显示当前无人机设备电池的剩余电量。如果飞行器出现放电短路、温度过高、温度过低或电芯异常，界面中都会给出相应的提示。点击该按钮，就可以进入"智能电池信息"界面。

⑨ "通用设置"按钮 •••：点击该按钮，可以进入"通用设置"界面，在其中可以设置相关的飞行参数、直播平台以及航线操作等。

⑩ "自动曝光锁定"按钮 AE：点击该按钮，就可以锁定当前的曝光值。

⑪ "拍照/录像切换"按钮：点击该按钮，可以在拍照与拍视频之间进行切换。当用户点击该按钮后，将切换至拍视频界面，按钮也会发生相应变化，变成录像机的按钮。

⑫ "拍照/录像"按钮：点击该按钮，就可以开始拍摄照片；或者开始录制视频画面，再次点击该按钮，将停止视频的录制操作。

⑬ "调整参数"按钮：点击该按钮，在弹出的面板中可以设置拍照与录像的各项参数。

⑭ "素材回放"按钮：点击该按钮，可以回看自己拍摄过的照片和视频文件，查看拍摄效果。

⑮ "相机参数"图标：显示当前相机的拍照/录像参数，以及剩余的可拍摄容量。

⑯ "对焦/测光切换"按钮：点击该按钮，可以切换对焦和测光的模式，对画面对焦。

⑰ "飞行地图与状态"按钮：该按钮是以高德地图为基础，显示了当前飞行器的姿态、飞行方向以及雷达功能。点击地图按钮，即可放大查看地图，可以查看飞行器目前的具体位置。

⑱ "自动起飞/降落"按钮：点击该按钮，就可以使用无人机的自动起飞与自动降落功能。

⑲ "自动返航"按钮：点击该按钮，可以使用无人机的智能返航功能，可以帮助用户一键返航无人机。这里需要注意的是，在使用一键返航功能时，一定要先更新返航点，以免无人机飞到其他地方，而不是自己当前所站的位置。

⑳ "智能模式"按钮：点击该按钮，可以使用无人机的智能飞行功能，如"兴趣点环绕""一键短片""延时摄影""智能跟随"以及"指点飞行"等模式。

㉑ "避障功能"按钮：点击该按钮，将弹出"安全警告"提示信息，提示用户在使用遥控器控制飞行器向前或向后飞行时，将自动绕开障碍物。点击"确定"按钮，即可开启该功能。

（2）下面详细介绍 DJI Fly App 图传飞行界面中的各个按钮含义及功能。

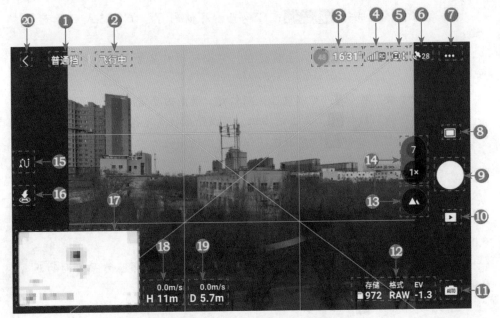

DJI Fly App无人机图传飞行界面

❶ "飞行挡位"按钮 普通挡 ：点击该图标，可以切换3种飞行模式，即普通挡、平稳挡和运动挡。

❷ "飞行器状态提示栏"图标 飞行中 ：在该状态栏中，显示飞行器的飞行状态以及各种警示信息。如果无人机处于飞行中，则显示"飞行中"；异常状态时，点击可查看详细信息。

❸ "电池电量和时间"图标 ：显示当前智能飞行电池电量百分比及剩余的可飞行时间。

❹ "图传信号"图标 ：该图标显示遥控器与飞行器之间遥控信号的质量，如果只有一格信号，则说明当前信号非常弱；如果显示五格信号，则说明当前信号非常强。

❺ "视觉系统状态"图标 ：图标为白色，则表示视觉系统工作正常，红色则表示工作异常，此时无法躲避障碍物。

❻ "显示 GNSS 信号强弱"图标 ：点击可查看 GNSS 具体信号强度。当图标显示为白色时，表示 GNSS 信号良好，可刷新返航点。

❼ "系统设置"按钮 ：包括安全、操控、拍摄、图传和关于界面。

❽ "拍摄模式"按钮 ：点击该按钮，可以进入大师镜头、一键短片等模式。

❾ "拍摄"按钮 ：点击该按钮，可以拍照 / 录像。

❿ "回放"按钮 ：点击该按钮，可以查看拍摄的素材。

⓫ "相机挡位切换"按钮 ：在拍照模式下，支持切换手动挡或自动挡，不同挡位下可设置的参数会不同。

⑫ "拍摄参数" 按钮 ▨972 RAW -1.3 ：可以查看存储内存、拍摄格式和曝光补偿参数。

⑬ "切换对焦" 按钮 ▨：点击该按钮，可以切换对焦方式，也可以长按展开对焦刻度条。

⑭ "焦距参数" 按钮 ▨：可以设置焦距倍数，最高为 7 倍。

⑮ "航点飞行" 按钮 ▨：点击该按钮，可以开启航点飞行。

⑯ "智能返航" 按钮 ▨：点击该按钮，可以使用无人机的智能返航功能，可以帮助用户一键返航无人机。

⑰ "地图" 按钮（图中左下角图标）：点击可以切换至姿态球，显示飞行器机头朝向、倾斜角度、遥控器及返航点位置等信息。

⑱ "飞行高度和速度" 按钮 ▨ H 11m：H 是显示飞行器与返航点垂直方向的距离，0.0m/s 则是显示飞行器在垂直方向的飞行速度。

⑲ "飞行距离和速度" 按钮 ▨ D 5.7m：D 是显示飞行器与返航点水平方向的距离，0.0m/s 则是显示飞行器在水平方向的飞行速度。

⑳ "返回" 按钮 ▨：点击该按钮，返回上一级界面，也就是回到 DJI Fly App 的主界面。